你可以不生气

张笑恒　编著

北京工业大学出版社

图书在版编目（CIP）数据

你可以不生气 / 张笑恒编著. —北京：
北京工业大学出版社，2009.12（2020.10重印）
ISBN 978-7-5639-2218-5

Ⅰ.①你… Ⅱ.①张… Ⅲ.①愤怒—自我控制—通俗
读物 Ⅳ.① B842.6-49

中国版本图书馆 CIP 数据核字（2009）第 208914 号

你可以不生气

编 著：张笑恒
责任编辑：石莎莎
封面设计：尚世视觉
出版发行：北京工业大学出版社
　　　　　（北京市朝阳区平乐园 100 号　邮编：100124）
　　　　　010-67391722（传真）　bgdcbs@sina.com
出 版 人：郝　勇
经销单位：全国各地新华书店
承印单位：三河市国新印装有限公司
开　　本：880mm×1230mm　1/32
印　　张：6
字　　数：130 千字
版　　次：2010 年 1 月第 1 版
印　　次：2020 年 10 月第 4 次印刷
标准书号：ISBN 978-7-5639-2218-5
定　　价：35.00 元

　　上班路上遇到交通事故拥堵不堪，录入文件时电脑突然出现故障导致资料全部丢失，鸡毛蒜皮的小事却引得夫妻之间唇枪舌剑，利益得失的问题导致同事之间钩心斗角……太多太多的事情容易让我们陷入一种生气或愤怒的情绪中，有些事情甚至会使我们暴跳如雷。

　　特别是在如今全球陷入金融危机的情况下，工作难找、公司裁员等，都会让我们的情绪波动得更厉害，让我们的心情更复杂。时刻处于紧张状态的我们，紧绷着那根脆弱的神经，敏感使我们很容易被生活中的琐事触怒。这些，对我们的身心健康都是不利的。英国著名作家迪斯雷利曾说："因为小事而生气的人，生命是短促的。"生气是拿别人的错误来惩罚自己。既然这样，为了我们的健康，请你不要生气。

　　心情的好坏，多与自己内心的想法有关。正因为我们太容易计较生活中的得与失，太容易看到生活中的不公平，才会陷入痛苦万分的境地而不能自拔。一旦我们陷入心情低潮，就会不时感到世界的阴冷，有时候，还会以此为借口做一些让自己后悔的事情。相反，当我们心情好的时候，会很容易地感受到这个世界的温暖和爱意。

人生如同倒置的沙漏，生气和快乐各占一边，生气的时刻多了，快乐就少了。与其生气，不如将该放下的放下，摆正自己的心态，积极改变现状，努力争口气，来赢得别人的喝彩。记住，在心灵深处，天堂与地狱只有一念之差。你用什么样的方式思考，就会产生什么样的结果。用心寻找，生活中到处是惬意、迷人的风景。

国学大师季羡林先生说，不完美才是人生。既然这样，我们就没必要刻意地追求完美。人生十有八九不如意，我们不必这么较真，学会心平气和地接受，才能以最好的姿态去面对生活中的不如意。

目 录

第三章

何必怒上心头，看得开才能活得好

第四章

多为拥有的庆幸，别为得不到的郁闷

第五章

心情好时怀抱感激，心情不好时保持风度

第六章

抱怨不如改变，生气不如争气

第十章

选择人生的正面，好心情是自己给的

第一章

走出斤斤计较的圈子，别再为小事抓狂

人们往往能勇敢地面对生活中那些重大的危机，却常常会被芝麻小事缠绕得苦不堪言。生命太短暂了，别让小事绊住我们前进的脚步，不要让琐碎的烦恼浪费我们宝贵的时光。

生命如此短促，怎顾得计较小事

相当多的人能够在大事面前稳住阵脚，却在面对一些小事时乱了手脚；可以承受得了巨大的打击，却为小事烦忧；可以在大事上潇洒地放手，却对一些鸡毛蒜皮的小事念念不忘、斤斤计较。我们的生命如此短促，为那些不值一提的小事生气，实在是不值得。

1945 年 3 月的一天，罗勃·摩尔所在的潜水艇遭到了袭击，六枚深水炸弹在潜水艇周围炸开，当时罗勃感觉天崩地裂，他吓得无法呼吸，不停地对自己说："这下死定了……"

在轰炸期间，罗勃想到了自己曾经因为一些很无聊的小事发愁。比如他曾担忧过没有钱买房子、车子，没有钱给妻子买好衣服，还常常为一点芝麻小事和妻子吵架，甚至还为一次车祸在额头上留下的伤痕发过愁。15 个小时后，攻击停止了。

这次危机让罗勃感悟道："多年之前那些令人发愁的事，在深水炸弹威胁生命时，显得那么荒谬、渺小。我对自己发誓，如果我还有机会再看到太阳和星星的话，我永远不会再忧愁了。在这 15 个小时里，我从生活中学到的，比我在大学念四年书学到的还要多得多。"

当你为一些小事生气的时候，不妨这样假想：如果下一刻死神就要降临，我还会在乎这些吗？还会大发牢骚以泄烦恼吗？当然不会！所以，轻轻松松接受你所遇到的，不论是好的还是不好的。

生活就是源源不断的事件。当你认知到小事常常发生,生活中原本就充满了冲突性的选择、要求、渴望与不可预期的事时,你就会变得平静,不会再浪费宝贵的精力去为鸡毛蒜皮的事争斗。

著名的成功学家戴尔·卡耐基认为,许多人都有为小事斤斤计较的毛病。人活在世上只有短短几十年,却浪费了很多时间去愁一些很快就会忘掉的小事。而当你敞开心胸、扩大自己的视野时,你会变成一个平静、安宁的人,会从容面对生活,不再为小事抓狂!

不因别人的言语而自寻烦恼

在现实生活中,我们常常会因为别人的一个眼神、一句笑谈、一个动作而心生不安,思虑重重,甚至寝食难安。其实这些眼神、笑谈、动作在很多时候是没有特殊意义的,只是因为我们自己太在乎,所以才会不安。

我们无法左右他人的言论,何况大多数喜欢对别人评头论足的人也的确没有什么恶意,只是随便说说而已。对于别人的评价,我们完全可以采取不介意的态度,更没必要为之生气。

在一次宴会上,美拉认识了一位男士,男士彬彬有礼,谈吐不凡,两个人一见如故,聊得很投机,分手的时候彼此交换了电话号码,答应保持联络。

一周后,美拉主动给他打了电话,并留了言,但迟迟没有回音。美拉把这事告诉了好友,朋友听后嘲笑美拉是个大傻瓜。"现在的男人都是'花心大萝卜',到处拈花惹草,没有几个是可以信赖的。你呀,还是别那么执着了。"朋友劝美拉。

　　美拉没有像大多数女生那样因为朋友的一句话就怀疑自己的判断力，担心自己是否真的遇上了一个"大萝卜"。美拉不以为然，一个星期后又打了电话，只是还是没人接。但是美拉并没有放弃，她冷静地做了进一步的分析，从这位男士的谈吐举止看来，他并不像那种轻浮的人，美拉相信自己的直觉。至于他没有回电话，或许是因为有事出去了，也可能是因为忙得抽不开身来。

　　一个月后，美拉再次拨通了那位男士的电话，他们终于联络上了。男士对此事感到非常抱歉，因为工作关系，那次宴会后他就去外地出差了。后来他们俩的关系进一步发展，成了幸福的一对。

　　要是美拉因别人的看法而放弃了这段缘分，岂不是很可惜？或者因朋友的言论，整日为遇上一个"大萝卜"而愁苦，岂不是自寻烦恼？人言可畏吗？不，可畏的并非人言，我们之所以会在意他人的评论，是因为我们没有足够的自信心，当我们坚定了自己的信念，也就不会因此生气了。

　　菲尔德，许多年前的美国实业家，他曾率领工程人员，准备用海底电缆把欧美两个大陆连接起来。许多人为他的壮举欢呼，大家称他为"两个世界的统一者"。那时，他一度成为美国最受尊敬的人。

　　但就在盛大的接通典礼上，刚被接通的电缆传送信号突然中断，人们的态度来了个180度大逆转，之前的欢呼声立刻变为愤怒的狂涛。对于这些，菲尔德只是淡淡一笑，不做解释，只管埋头继续苦干。

　　终于，在经过多年的努力后，欧美大陆之桥最终通过海底电缆被架起，在庆典会上，菲尔德没有上贵宾台，只远远地站在人群中观看。对于诋毁和荣誉，他都表现得很淡然。

菲尔德不仅是"两个世界的统一者"，而且是一个理性的人。面对常人难以忍受的厄运时，他通过自我心理调节，屏蔽了所有可能影响到心情的不愉快，只是潜心钻研，最终用事实征服了大众。

当别人对你的所作所为评头论足、说东道西时，你完全不必在乎。你唯一能做的，就是不要理会，时间能证明一切，流言终会不攻自破。如果你太在意它，它反而会渗入你的身体，摧残你的意志，影响你的心情。如果你没有做错事，那么就挺起胸膛，勇敢地面对众人的目光吧。

过度在意别人的言语，只会徒生许多烦恼。而且当你被那些评论搅扰到自己内心的时候，你向前迈进的勇气也会渐渐熄灭。

看淡生活中的不顺和不快

我们越是计较，就活得越郁闷，心中的气也就越大。既然这样，我们不妨试着用一颗淡然的心去对待生活中的不顺和不快，不去计较太多，才不会生气。

一名自负的歌手准备进军娱乐圈，于是满怀信心地把自己录制的歌曲寄给某位知名制作人。之后，他就整天怀着期待的心情等候回音。

第一天，他满怀期望，似乎认为自己已经胜券在握，所以心情大好，见了人就大谈特谈他的理想抱负，甚至还想到了成名后的星光大道。第二天，没有回音，他开始安慰自己。等了几天，还是没有任何消息，他再也按捺不住自己的情绪了，看什么都不顺眼，还胡乱骂人。又过了一些天，依然杳无音信，他情绪更加低落，闷不吭声。

"怎么可能呢！我这么好的声音难道就没人赏识？"他开始自言自语，猜测各种可能。最后，他彻底失望了，觉得自己真是黄粱一梦，情绪坏透了。就在这时，电话响了，正在生气的他拿起电话就骂人。没想到打来电话的正是那位制作人，他因此而自断前程。

生活中我们难免会遇到一些挫折、困苦和不愉快的事，一味地生气、焦虑、怨恨，太过计较得失，不但不会使事情好转，反而会使事情变得更糟，失去得也会更多。

不生气的方法其实很简单，就是看淡人生中的不顺和不快。必要时将心思放在真正重要的事情上，抛开其他的事，气也就消了。

秦英杰是应届毕业生，好不容易过关斩将，进入一家外贸公司上班。

上班第一天，他早早起床，把自己打扮得干净利落，然后出了门。因为去得比较早，距离上班时间还有一个小时，他想就去吃个早点吧。正当他坐在餐桌旁准备用餐时，紧挨他坐的小孩子一不小心碰倒了桌子上的牛奶，洒了秦英杰一身。小孩的母亲连忙道歉，并且拿起纸巾不停地给他擦，无奈衣服上还是留下了斑斑点点的污渍。秦英杰觉得很晦气，怎么上班第一天就遇到这种倒霉事！

就这样，秦英杰越想越生气，担心同事看到了会有想法，担心老板会因此觉得他是一个不注重细节的人。到了上班时间，他忐忑不安地走进办公室,心烦意乱的他打碎了老板的水杯,拿错了同事的文件,还弄坏了公司的传真机……

秦英杰就这样冒冒失失地度过了上班的第一天。下班以后,想想自己一天的表现,他恨恨地说:"都怪这该死的牛奶污渍!"

如果不在意衣服上的污渍,或许就不会发生那么多不顺心的事了。情绪是属于个人的东西,只有你本人才能完全控制住它。面对已经发生的事情,不如耸耸肩,默默地告诉自己:"忘掉它吧,这一切都会过去!"

遇事不钻牛角尖

对于那些不值得研究或无法解决的问题,就不要费力硬要得到一个什么结果。否则只会惹得自己更加生气,甚至撞到南墙,头破血流。

一只小老鼠钻到牛角里去了,它一个劲地往里爬啊爬,完全不顾空间越来越狭小。

牛角见它如此执着,劝它说:"朋友,别再往里钻了,里面根本没有出路。"

老鼠生气地说:"哼!我的字典里从来没有'后退'两个字,我是百折不回的英雄,我只知道前进!"

"可是一开始你的路就走错了啊!里面会越来越黑、越来越窄的。"

老鼠对牛角的劝告根本不屑一顾:"我一生从来就是钻洞过日

子的，怎么会错呢？"自负的老鼠继续钻，没过多久，这位"英雄"便活活闷死在牛角里了。

既然第一步已经走错了，何必固执地继续错下去？前方又黑又窄，回头才会有广阔明亮的大道。人做事不能一根筋，有时坚持不一定就是好事。

有一对夫妻，妻子非常执着于他们的爱情，她坚信他们的婚姻一定能够天长地久。

直到有一天，她发现老公爱上了别人，一下子蒙了。接下来的日子里，她整天以泪洗面，不吃不喝，最后因承受不了这痛苦而想到了自杀。对她来说活着比死去更痛苦，可即便走到这样的地步，她仍然固执地认为会有奇迹发生的一天，毕竟他们曾经是那么相爱啊。所以，她死也不同意和老公离婚。

后来，她的老公偷偷把家中的财产席卷一空，还差点把房子卖掉，这时她才清醒地认识到：为什么不可以放弃这个家庭、这个婚姻、这个已经不爱我的男人呢？我何必苦苦挽留他的躯壳？

明白了固守只能是无尽的痛苦后，女人坚定地和男人离了婚。

我们想要控制事物，结果反而被事物控制，所以钻牛角尖一般不能很好地解决问题。有时我们太过于执着，不仅扰乱了内心的平静，还束缚了自己。而只有当你学会舍弃那些无谓的坚持，不再紧抓不放或全力抗拒时，你才能够保持一颗理智的心，坦然地去面对一切。

小事不妨装"糊涂"

"糊涂"地生活、"简单"地思考不仅是一种积极、乐观、向上的生活态度，更是不生气的智慧。生命太短暂，一生不过短短数十年，哪经得起那么多无谓的折腾。在小事面前装一下"糊涂"，心中就不会有那么多重负。

这天，徐玲又和婆婆发生了一些不愉快，于是她跑到表妹郭莹家诉苦。碰巧郭莹正在忙，无暇陪她，徐玲就和郭莹的婆婆闲聊起来。

"不瞒您说，我婆婆做菜口味太重，还整天唠叨，让人生厌……"徐玲抱怨道。郭莹的婆婆打断了她的话："其实啊，我觉得你该向你这个'糊涂'妹妹学学，她不嫌我这个乡下老太婆，我炒的菜明明盐放少了，可她还说好吃！"

午饭后，郭莹准备洗衣服，却怎么也找不到昨晚刚刚换下的衣服。只听她大声问道："妈，看见我的衣服了吗？"郭莹的婆婆却一拍脑门，笑着说："瞧我这老糊涂，刚才一不留神把你的衣服给洗了。"郭莹听婆婆这么说，就会心地笑了。

一旁的徐玲看着这一幕，终于明白早晨表妹的婆婆说的学习"糊涂"是怎么一回事了。晚饭后，徐玲对郭莹说："我现在终于明白你和婆婆之间为什么相处得这么融洽了，你们之间的'糊涂'可真难得啊！不计较小是小非，什么事都好办了！我以后真得好好向你学习。"

从那以后，徐玲也当起了"糊涂"的媳妇。这招果然很见效，不久后她婆婆也被"传染"，跟她一起"糊涂"起来。一家人终于和和睦睦，再也看不见"硝烟"了。

许多时候，我们都是在一些小事上纠缠不休，其实这些小事完全可以被忽略。在面对那些不愉快的人和事的时候，多一些"糊涂"，生气的时候自然就少了。

做人做事不妨"糊涂"一些，要知道秉持"糊涂"的心态做人，不仅能赢得别人的好感，还能减少自己的烦恼，何乐而不为呢？

别把曾经的错事刻在心上

没有人永远是正确的，当你做错事的时候，只需想到别人兴许也会犯这样的错误，别人在其他问题上也会犯错，这样你就不会过于自责，气也就消了。

一位年轻人跟一位玉雕大师学习雕玉的技艺，年轻人一学就是九年，师傅把雕玉的步骤、技巧都一一传授于他。无论是选玉的视角、开玉的刀法，还是下刀的力道、打磨的时间，年轻人都能熟练地把握了。

可有一件事让年轻人不明白，虽然他的操作和师傅一模一样，但大师雕的玉就是比他雕得好看，价也比他的高出好几倍。年轻人开始怀疑大师没有把绝技传授给他，所以他们雕出来的玉差别才那么大。

年轻人越想越生气，开始惋惜自己在此花费的九年光阴。一天，大师把他叫到书房，对他说："我的全部技艺已经传授于你，你离开师门之前，需雕刻一样作品作为你的毕业总结。我已经在南山购得一块璞玉，准备让你来雕一个蟹篓，雕玉的价钱已经谈好，到时候你可以用这笔收入作为自立门户的本钱。"

年轻人一看那块璞玉，是一块翠绿的极品岫玉，显然是师傅花了大价钱才购得的。年轻人想：我一定要认真雕这块宝玉，一定要超过师傅。

于是年轻人憋着一股劲，开始动手雕刻。这种心气让他无法平静下来，手中的刀似乎也不听使唤，终于在雕篓口的一只螃蟹时歪了，刀痕划过美玉，一瞬间，他崩溃了。他无法原谅自己的失误，于是不辞而别，丢下未完成的玉走了。

后来，年轻人在几家玉雕作坊里工作，不过多年来他从没雕出一件像样的作品，因为每当他拿起刻刀，那块翠绿岫玉上的刀痕就会浮现在他脑海里。由于作品一直不出彩，他一次次被作坊老板辞退。在被第八家作坊辞退的时候，他彻底失去信心。这时他想起了大师，决定回去看看。

面对身背荆条跪在门前的徒弟，大师并没有觉得很诧异，只是和过去一样，心平气和地说："开工了。"他哭了，然后跟着大师来到书房，大师从一个方匣中取出那块翠绿岫玉，一刹那间那深深的刀痕又进入他的眼帘。

大师当着他的面，拿起刀在那深深的刀痕上雕琢。没过多久，一只活灵活现的小龙虾出现在螃蟹背上，原来那道刀痕不见了，呈现在眼前的是一件巧夺天工的艺术品。年轻人扑通一下跪在大师的面前，满面羞愧地央求道："请师傅传授这雕玉绝技。"

大师神态平静地对他说："我已经把全部的技艺都教给你了，如果说有什么绝技的话，就是一句话：刻在玉上的错，不应该再刻在心上。"

　　人生最可怕的，莫过于背着心灵的包袱走路了。一路走来，辛苦疲惫不说，最终还无法达到目标。只有学会放下，放下自己曾经做过的"错事"，原谅那些意外，不堪重负的心灵才能从中解脱出来，重新找回未做"错事"前的自己，开始一个不一样的精彩纷呈的旅途。

　　做错事不可怕，可怕的是你因为做错一件事就永远被打败。"人非圣贤，孰能无过"，无论是在工作中还是生活中，犯错本来就是难以避免的事情。关键不在于你犯的错本身，而在于你犯错之后的反应。

　　如果你失去了直视错误的勇气，从而失去做事的心情，很可能就会赔上你的现在还有未来。所以，切莫再抓住过去的伤疤不肯放手，赶快从自怨自艾的泥潭中跳出来，朝气蓬勃地投入新的生活和事业中去吧！

不做无谓的比较

　　我们常禁不住羡慕别人光鲜华丽的外表，对自己的欠缺耿耿于怀，难免感叹："我什么时候能像他那样就好了！"其实他人并不像你想象得那么好。有人薪金丰厚，却因劳累过度而患病；有人才貌双全，却找不到一份真爱；有人家财万贯，子孙却不孝……

　　每个生命都有欠缺，所以你不需要和别人比较，更不必为此生气。别人有比你好的地方，你也有比别人幸运的地方。不再与人做无谓的比较，反而更能珍惜自己所拥有的一切。

　　无比较，则安乐。人都有一种从众心理，总认为别人的就是好的。有位著名企业家说："这辈子所结交的达官显贵不知多少，从表面看他们实在都令人羡慕，但深究其里，每个人都有一本很难念的经，有的甚至苦不堪言。"

所以，不要再去羡慕别人，你所拥有的绝对比没有的要多出许多，而欠缺也是你生命的一部分，接受它且善待它，你的人生会快乐豁达许多。

他是中国去美国念 MBA 的留学生，昂贵的学费让他不得不打工以减轻家里的负担，他周末就在纽约华尔街附近的一家餐馆刷盘子。一天，他满怀雄心壮志地对餐馆大厨说："你等着看吧，我总有一天会打进华尔街的。"

大厨听后问道："年轻人，那你毕业后有什么打算呢？"

"毕业后我希望马上进入一流的跨国企业工作，不但收入丰厚，而且前途无量。"他一脸的憧憬。

大厨皱着眉头问："我是想问你将来的工作兴趣和人生兴趣。"

年轻人一脸迷惑，显然不懂大厨的意思。

这时大厨长叹道："餐馆不景气，如果经济继续低迷下去，那我就只好去做银行家了。"

年轻人没反应过来。"什么？银行家？"他疑心自己的耳朵出了毛病，眼前这个一身油烟味的厨子，怎么会跟银行家沾得上边呢？

大厨继续说："我以前就在华尔街的一家银行上班，虽然工资很高，但天天早出晚归，没有半点自己的业余生活。我真正的兴趣不在于此，我很喜欢烹饪，每次看家人、朋友津津有味地品尝我烧的菜，我就高兴得心花怒放。说实话，我一点也不羡慕那些有钱人，只希望过我喜欢的生活。一次，深夜 1 点钟我才拖着疲惫的身子走出公司写字楼，一边还啃着令人生厌的汉堡包充饥，我下定决心要辞职，选择我热爱的烹饪为职业。这不，我就到这儿来了。自从干上这行，我比以前快乐多了。"

把目光从别人的身上转移到自己的身上吧，别去在乎别人有什么，只需要问问自己喜欢什么，做自己喜欢的事情，而不是追逐别人有的财富、权力、地位。成功与否，自我价值是否实现，不必通过与别人比较来证实，更不需要别人的肯定来满足。

一个完美的人生，不见得要赚很多的钱，也不见得要有很了不起的成就，在一份简朴平淡的生活中，活得快乐而自在，也是一种上乘的人生境界。淡泊的人生是一种享受，无须和别人做比较。

第二章 ▷

**不完美才是人生，不必
鸡蛋里挑骨头**

人生也许有十全九美，却没有十全十美，正如国学大师季羡林先生所言："不完美才是人生。"既然如此，有时就不必太较真，学会心平气和地接受，以最佳的姿态去面对。

不幸的人不只你一个

古希腊的诗人荷马在《奥德赛》中说过这样一句话："对人来说，不幸要比幸福多两倍。"这位先哲的意思是说，在这个世界上不幸是很正常的事情，任何时候、任何地点都有人在经历不幸。当你觉得自己不幸时，想想还有人比你更不幸，你还有什么理由生气呢？

某欧洲国家有一位著名的女高音歌唱家，年纪轻轻就声名远扬、享誉全球，她丈夫是某大公司的老板。一次，她的个人音乐会结束了，她携同丈夫和儿子走出剧场，被早已等候多时的媒体记者以及观众团团围住。除了记者在采访以外，更多的人在赞美，赞美她事业成功、家庭幸福。

歌唱家静静地听着人们对她的溢美之词，然后缓缓地说："我首先要谢谢大家对我和我家人的赞美，但是你们看到的只是我风光的一面，还有另外一面你们不知道。那就是我身边这个活泼可爱的儿子，不幸是一个哑巴，而且，我还有一个女儿，是精神分裂症患者，需要常年关在装有铁窗的房间里。"

歌唱家的一席话让人们震惊得说不出话来，谁都没有想到，她在享受赞誉的同时竟遭受着这样的不幸。这时，歌唱家又心平气和地对人们说："这一切说明什么呢？恐怕只能说明一个道理，那就是上帝给谁的都不会太多。"

也许你在哀叹命运对自己的不公，也许你正在承受难言的不幸，也许你还在这样的不幸中委靡不振，你的目光只停留在自己身上，而不幸的人不是只有你一个，有很多人和你一样身处逆境。

让我们再来看一下那些青史留名的给世人留下宝贵财富的文化巨匠，你会惊奇地发现，他们当中的很多人都曾遭遇过不幸。给人类留下了《战争与和平》《安娜·卡列尼娜》《复活》等不朽巨著的伟大作家托尔斯泰，幼年时双亲去世；伟大的苏联作家高尔基也是幼年丧父，自此过着悲惨的"童年"生活，10岁就开始学习"在人间"谋生；而伟大的法国作家巴尔扎克，出生不久被送到乡村寄养，童年几乎是过着没有亲人爱护的孤苦生活。

这些取得杰出成就的人，正是因为不幸，才学会认真思考人生，学会在困境中求生，是不幸给他们提供了挖掘自己潜质的契机。

莎士比亚曾经充满深情地对一个少年说："你是多么幸运的孩子。"可是当时这个孩子刚刚失去父母，正处于孤苦无依的悲惨境地。这位被人们尊敬的艺术大师摸着孩子的头继续说："因为你失去了父母，所以一切就只能靠你自己了。对你来说，不幸是人生最好的历练，是教育无法给予的。"这个孩子似乎领悟到了什么，默认了发生在自己身上的不幸。40年后，这个孩子，杰克·詹姆士，成为英国剑桥大学的校长，世界著名的物理学家。

也许因为不幸，你处在人生的最低点，所以你更应该懂得人生中阳光的难能可贵。因为不幸，因为没有亲人可以保护你，因为一切都要靠自己的勤奋努力来争取，所以你更应该脚踏实地、刻苦勤勉。

生活是不公平的，你要学会适应它

这个世界上没有百分之百的公平，你越想寻求公平，就越会觉得别人对自己不公平。与其一味地追求绝对的公平，让自己心中怨气大增，无法正常地生活，不如正视这个世界中不公平的一面，用一颗平常心去对待。

比尔·盖茨说："生活是不公平的，你要去适应它。"的确，几乎是从我们出生的那一刻起，不公平就显现出来了。有些孩子降生在宾馆一样的病房里，有些孩子则降生在自家黑乎乎的炕头上。到了上学的年龄，有些孩子穿着新衣，背着新书包踏进了美丽的校园，而有些孩子却只能眼睁睁看着别人背着书包暗自伤心。该工作了，有些孩子凭着学历、靠着关系进了世界著名的企业，有些孩子没有学历、没有关系，只能从事最低下的体力劳动来维持生活⋯⋯

或许没有能力的人身居高位，有能力的人怀才不遇；或许你兢兢业业却依旧仕途平平，而有人投机取巧反倒平步青云；或许你做得很好老板却对你鸡蛋里挑骨头，而另外一个人把事情搞砸了，还能得到老板的夸赞和鼓励⋯⋯遭遇诸如此类的事情，我们会义愤填膺地说："这简直太不公平了！"

追求公平是人类的一种理想，但正因为它是一种理想而不是现实，所以你不能苛求。

一个青年人，10岁时母亲生病去世了，因为父亲是长途汽车司机，很少在家，他只能学着洗衣做饭，照顾自己。

7年后，他的父亲因为车祸也离他而去。他无依无靠，只能学着谋生以养活自己。

20岁时，他不幸在一次工程事故中失去了左腿，不得不依靠拐杖行走。祸不单行的他在这种情况下依然没有向任何人寻求帮助，一个人孤军奋战。最后终于攒了一些积蓄，他就拿出来办了一个养鱼场，生意还算不错，能够自给自足。然而，一场突如其来的瘟疫将他半生的成果毫不留情地一扫而光。

他终于忍无可忍，就找上帝理论，愤怒地责问上帝："你为什么对我这样不公平？"

上帝反问他："我怎么对你不公平了？"

他就把十几年来的遭遇讲给上帝听。

上帝听了以后，反问他："既然这么凄惨，可你为什么还一直坚持活下去呢？"

年轻人愤怒地说道："我不会死的，我经历了这么多不幸的事，没有什么能让我感到害怕。终有一天我会创造出幸福的！"

上帝笑了，他打开地狱之门，指着一个鬼魂给他看，说："那个人生前比你幸运得多，他几乎是一路顺风走到生命的终点，只是最后和你一样，在同一场瘟疫中失去了他所有的财富。不同的是他自杀了，而你却坚强地活着……"

我们要承认生活的不公，正因为我们接受了这个事实，才能放平心态，让生活少一些怨气，多一些快乐。

普希金有一首我们非常熟悉的短诗《假如生活欺骗了你》："假如生活欺骗了你，不要忧伤，不要气恼，不顺心时暂且克制自己，要相信，快乐的时日一定会来到。"是的，生活有时会呈现给我们艰辛甚至残酷的一面，问题是我们如何面对生活给予的这种特殊待遇。古语有云："故天将降大任于斯人也，必先苦其心志，劳其筋骨，饿其体肤，空乏其身……"古人很聪明，教我们换个角度看问题，也可以说是教我们如何在心理上做到适应环境，并且对未来充满希望。

生活是不公平的，如果我们无法适应，因此怨天尤人，不敢面对现实，没有足够的勇气去接受现实的挑战，整天活在忧郁之中，那么我们就等于被生活击垮了。既然这样，我们不如去思考如何更好地适应生活的不公。唯有适应当下的环境，才会有机会去改变自己的环境。

将宽恕带给伤害你的人

孔子的学生子贡曾问孔子："老师，有没有一个字，可以作为终身奉行的原则呢？"孔子说："那大概就是'恕'吧。""恕"，用今天的话讲，就是宽容。

宽容是一种美好的品德修养，它是化解矛盾的良药，也能融解人们心中淤积的不快。只有懂得宽容别人的人，才能拥有宁静平和的心境，不让怨气长留心中。

在一次酒会上，一个女政敌高举酒杯走向丘吉尔，并指了指丘吉尔的酒杯，愤愤地说："我恨你，如果我是您的夫人，我一定会在你的酒杯里下毒！"显然，这是一句满怀仇恨的挑衅，丘吉尔却并没有反唇相讥。只见他微微一笑，很友好地说："您放心，如果我是您的先生，我一定把它一饮而尽！"

宽容不是无奈，是一种力量，一种可以化解仇恨的力量。即便是与对手针锋相对之时，一个宽容的微笑，一句宽容的问候，也可能化干戈为玉帛。有句老话："海纳百川，有容乃大。"正因为大海极谦逊地接纳了所有的江河，才有了辽阔的海洋。

伏尔泰说过："让我们相互原谅彼此的愚蠢吧，这是自然的第一法则。"所以我们没有必要为一些蝇头小利、鸡毛蒜皮的小事而斤斤计较。宽容就是忘却，忘却别人先前对自己的指责和谩骂，忘却曾经的是是非非，时间是最好的止痛剂。学会忘却，学会宽容，生活才有阳光，才有欢乐。

不必坚持自己是对的

古人言"仁者见仁，智者见智"；今天我们也说"公说公有理，婆说婆有理"；走出国界，欧洲还有一句俗谚"一千个观众就有一千个莎士比亚"。这些久成定论的话，无非是说对同一个问题，各人自有各人的看法，这是因为每个人的世界观、价值观、人生观和思维方法，以及知识构成、身体、心理等诸多方面都存在着差别。所以看待问题难免意见相左。那么，当你和别人的观点不一致时，不必生气，更不必非要坚持自己是对的而与对方争论不休，结果把双方的心情都弄得一塌糊涂。

杰克是一家公司的职员，下班回家经常与妻子争吵不休，终于闹到要离婚的地步。无奈，他向一位心理专家求教，听了杰克的诉说后，专家给他提出了一条建议："你不要总是固执地认为自己是对的，你的妻子是错的。你可以只同她讨论问题而不去证明谁对谁错。只要你不再强求她接受你的意见，你也就不会烦恼了，你们当然也就不会为证明自己正确而发生无谓的争吵了。"杰克回家以后就按照专家的建议试着做了，果然很奏效。后来，一旦遇到两人观点和看法相悖，他不再与妻子争论不休，要么和她心平气和地讨论，要么回避不谈。一段时间以后，他们的夫妻关系明显得到了改善。

当你想尽方法去说服别人，试图纠正他的错误或者想让别人知道你是对的，其实是由于你自以为是，总以为自己比别人成熟、比别人聪明，当你让别人知道他是错的而你是正确的时候，也许心底藏的那份虚荣心就得到了满足。相反，如果无法向别人证明自己是对的，就烦恼丛生了。

我们时常会走进一个思想误区，一方面，当你想证明别人是错误的时候已经浪费了自己非常多的心力，你的心情因此已经很烦恼了；另一方面，当对方的情绪因此变坏的时候，你自己的情绪也开始恶劣起来。所以为了彼此都不要眉头紧锁，请不要坚持自己是对的。

当我们为一件事争吵时就如盲人摸象，每个盲人都言之凿凿地认为自己摸到的部分就是大象的全貌，并且因此争吵不休。其实，很多时候争论不过是白费口舌，还要因此搭上自己的心情，实在是得不偿失。

认可对方观点的合理性，也就是尊重对方的知识和体验。从心理学角度看，只要了解对方想法的根源，找到他们意见提出的基础，进行换位思考，你提出的方案就能够契合对方的心理而得到接受。所以认可别人是对的，不失为一种有效的交流方式。在不同的意见之中做到左右逢源、游刃有余，就会给人一种和蔼可亲的印象，自己的受欢迎程度也会随之大大提高。

允许别人是对的，大方而坦诚地抱之以微笑，你的生活就会远离喋喋不休的争论，多了畅所欲言的酣畅，何乐而不为呢？

不要急着指责他人

众所周知，法庭上要确定一件事情的对错，前期往往要做大量细致入微的调查工作，通过对事件前因后果的层层分析，找出人证、物证，最后才能下结论。在日常的人际交往中也是如此，遇事万不可不分青红皂白就指责和抱怨，这样冲动行事往往会造成对别人的误解甚至伤害。

第二次世界大战期间，美国的布莱德雷将军奉命执行一次危险而紧急的任务。他把手下将士召集起来，命令他们排成一个长列，然后严肃地说："这次，我们的任务既艰巨又危险！需要你们当中的一位来完成。愿意冒险承担这项任务的，请向前走两步……"话刚说完，一位参谋走过来递给他一份最新的战报，布莱德雷就转过身和参谋商讨去了。片刻之后，等他处理完战报，再次面对刚才训话的众将士时，发现长长的队伍丝毫没变，仍是一条直线，没有一个人比旁边的人多向前走两步。他按捺不住情绪，生气地说："养兵千日，用兵一时，这种紧要关头，竟然没有一个人挺身而出。""报告司令！"只见站在最前排的人满脸委屈地说道，"我们每个人都向前跨了两步……"这时，布莱德雷将军才意识到，自己没有搞清状况，错怪了这队勇敢的士兵。

不想错怪别人，就请不要急着指责别人。任何人做任何事，都有他的原因。你之所以批评和指责他，往往是因为没有搞清楚他做这件事背后的原因。当然，即便对方真的不占理，你也不必急着指出他的不对，用委婉的方式，能起到更好的效果。

很多时候，退一步，比直接的指责更能起到好的效果。面对蛮横无理者，平息风波的最好方式，莫过于以柔克刚。

我们不要浪费宝贵的时间去批评别人，正如卡耐基所说："我们用批评和指责的方式，并不能使别人产生永久的改变，反而会引起愤恨。不要责怪别人，要试着了解他们，试着明白他们为什么会那么做，这比批评更有益处，也更有意义得多。"

生活中，每个人总有避免不了的"缺陷"，在人与人之间，我们要"将心比心"，不能一味地去指责他人的缺欠而忘了自己其实也有不对的地方。尤其是当事情的发生没有预料中的那么理想时，请不要急着去指责他人，应暂时把它放一放，把注意力转移到别的地方去。避开烦恼，寻找乐趣，多一分冷静，少一分冲动。以谅解、宽容、信任、友爱等积极态度与人相处，会得到快乐的情绪体验。

没事别和自己较劲儿

对于尽了力也做不到的事情，就不要再勉强自己去做了；对于已经发生的事，就不要再去想那些让人气愤的过程了；对于不属于自己的东西，就不要再执着了。事情既然如此，就顺其自然吧，关键是要享受生活，而不是硬和自己较劲儿，把生活给涂上黯淡的色彩。

高尔基在成为苏联文学奠基人之前，曾经很长一段时间过着流浪的生活。各种底层生活他都尝试过，在码头上当搬运工，在面包房里当伙计，在剧院当杂工和配角。有一天，他在街上看到一则招聘广告，是某剧院合唱团招收新人，他就急忙赶了过去。幸运的是他被录取了，安排在低音部唱歌，尽管他的嗓子并不怎么样，但这个流浪汉终于暂时有饭吃了。

苏联的著名歌唱家夏里亚宾的童年生活很不幸，接下来的青少年时代也多灾多难，也是在下层社会里摸爬滚打出来的。他当过鞋匠、商店抄写员、流动剧团配角演员。他于1893年正式登台演唱，然后逐渐走红，终于成为当时世界顶级男低音歌唱家。

多年之后，高尔基和夏里亚宾在玛利亚剧院观看演出。而此时的他们，身份早已是万众瞩目。在演出前的空闲时间里，两位名人聊了起来，少不了各自诉说苦难经历。

"……1884年秋天，我流浪到喀山……"高尔基说。

"哦，那一年我也在喀山，是跟随流动剧团去的。"夏里亚宾说。

"噢，我还在喀山当了几个月的合唱团员。"高尔基说。

"什么剧团？"夏里亚宾问。

"喀山歌剧院。"高尔基说，"有一天，剧院贴出布告，招收合唱演员，我已经饿得半死，就赶忙去面试，没想到居然通过，被分在低音部歌唱。"

"那个有着破锣嗓子的大高个原来是你？"夏里亚宾几乎喊出来。

"难道你是和我同时进去的？"高尔基大为吃惊。

"是的，我俩同进一个考场，你考上了低音部，而我这个歌唱家第一轮便被淘汰了。"夏里亚宾苦笑着说道，"他们嫌我音域过于宽广。"

这俩人一个最终成为大文豪，一个后来成为著名歌唱家。

一个人的成长是要经历很多考验的。面对挫折和遭遇，不妨想想：大千世界，与你命运相似的人数不胜数，你现在的处境有那么糟糕吗？能与年轻时的高尔基和夏里亚宾相比吗？很多时候，是我们自己放大了烦恼，郁郁寡欢，一味地跟自己较劲。其实，我们大可以活得轻松一些，顺其自然，无须为生活拴上太多的铁链。

一个男人被一只老虎追赶，一不留神从悬崖上掉了下去。庆幸的是，在跌落的过程中他抓住了一棵生长在悬崖边的小灌木。此时，他的处境真可谓千钧一发，悬崖上面那只老虎正虎视眈眈，而悬崖底下还有一只老虎，更糟的是，他视为救命稻草的小灌木，也正在被两只老鼠啃咬，眼看就要断了。绝望中，他突然发现左手边上生长着一簇野草莓，伸手可及。于是，这个人就拽下草莓，塞进嘴里，自语道："多甜啊！"

这是托尔斯泰在他的散文名篇《我的忏悔》中讲的一个故事。生活总有令人快乐的地方。放下那些无足轻重的世事烦扰，时刻提醒自己：不要太较劲了！活着一刻是一刻，把握当下，持一份"今朝有酒今朝醉"的豁然与潇洒，活得会很舒坦，快乐也会更多。

如意和失意是人生的两个车轮

人生似一辆载重的车，由如意和失意两个车轮支撑着，如果只有一个轮子，这车就不能前行。失意就像深秋里带寒意的风，虽不如春风和煦，却能把果实吹红；失意似磨石，虽能把人的灵魂磨痛，却能丰富我们的生命。

有如意时的开心欢乐，有失意时的生气沮丧，这才是人生，才经得起品味。只有以平和的心态去接受人生的失意，你的天空才会更加广阔。

在远古的时候，丛林中有一个部落。有一天，一个年轻的部落成员到丛林深处打猎。狩猎时，他非常意外地捕捉到一匹野马。他迫不及待地将野马带回部落，族里的成员很快知道了这个消息，大家纷纷赶来看这匹野马，对其俊美的身姿夸赞不已，当然也因年轻人的意外收获而心生嫉妒。大家都说他是一个幸运儿，得到上天这么好的馈赠。

然而好景不长，有一次年轻人在驾驭野马时，不慎跌落马背，他的左腿因此落下残疾，不能像正常人一样走路了，更不能骑马了。于是族人就开始传说这匹野马为不祥之物，才会给年轻人带来灾祸。他太不幸了。

年轻人哪都不能去，一直待在家里。家人对这匹野马也十分忌讳，纷纷躲避。

就在大家为年轻人的遭遇感到难过时，战争开始了，所有族内的年轻男丁都被抓去充军，而躺在病床上的年轻人，因摔断了腿，留在家中，免受征召。族人又开始众说纷纭，赞许"良驹"为年轻人带来幸运，使他逃过战乱之苦。

人生路上的如意与失意，不是我们一时可以论断的。生命行进的过程中，或许会遭遇一些起承转合。如意之时，不可得意忘形，依旧要用平实的心情来看待；遭遇不顺，也无须哀怨不满，一切当以心宽来化解消融。

古语有云："达人撒手悬崖，俗子沉身苦海。"达人之所以为达人，是因其在失意之时亦能够做到豁达，看破事物的表象，置身事外，从而忘却烦忧；一般凡夫俗子却总是沉溺在失意当中不能自拔，或者指望天遂人愿，事事如意，这样的人注定为自己的烦恼所累，无法开心。

其实没有失意时的沮丧，何谈如意时的欢乐，因为二者的同时存在，人生这部书才有精美的故事，才经得起品味。要如意就必须冲破失意的藩篱，而失意的存在也正是为如意的出现做铺垫。有句话叫作"好事多磨"，失意就是一种磨炼的过程。当你处在人生的失意路口时，就把眼前的失意当作横亘于脚下的一块石头吧。摆正它，蹬上去！你的视野将会更开阔，心胸将会更豁达！

第三章 ▷

何必怒上心头，看得开才能活得好

人生起起伏伏，峰顶、谷底纷杂交错，太多的悲伤、哀愁都是自己的心态造成的。幸福、快乐是一辈子，失意、落魄也是一辈子。看得开才能活得好，天空不总是乌云密布，一切都会雨过天晴。

想要事情往好处发展就别往坏处想

对于心态积极的人而言，遇见的都是好事，因为他们的心始终是朝向光明的，所以他们想的永远是事情会朝着好的方向发展；而整天忧心忡忡、悲观生气的人，遇见的永远是坏事，因为在他们的心里事情永远是向着坏的方向发展，所以他们永远也不会遇见好的事情。

如果你希望事情顺利，那么你就要想事情向好的方向发展，这样你就会遇见快乐的事，也会处于快乐的状态中；但如果你抱怨一件事，你的眼里、心里就都是关于事情的坏印象，那么即使你遇见了好的事情，你看见的也只是坏的方面，事情也会向坏的方向发展。

许多人提起蛇都会心惊胆战，除了捕蛇的人，相信没有人希望在野外遇见蛇。对于那些经常上山务农或者采摘果实的人，最担心的事就是遇见毒蛇，那么怎样才能避免遇见蛇呢？有一个关于遇见蛇的古老传说：如果你不想在野外遇见蛇，那么就闭上你的嘴，不要提蛇，更不要想或者提自己会遇见，如果提及害怕遇见蛇，或者在上山之前提到蛇，那么你就一定会遇见蛇。

当然，这只是传说，但心理学中所讲的心理暗示作用就是如此，积极的心理产生积极的效果，而消极的心理必然产生消极的效果。因为你的心理支配你的行动，而行动决定你遇事的性质。

不同的人生是由不同的人生态度造成的，世上之人遇快乐与痛苦之事差之毫厘，但是人生的结果却是谬以千里，差别就在于人们遇事时，是否向好的方向想。

如果你想事情往好的方向发展，那么你就不要往坏处想。想着事情会向坏处发展，事情就不会有好的结果。人生在世不如意之事很多，但是快乐的事情也很多，如果你希望自己的人生是快乐和有成就的一生，你就需要首先从意识里积极地肯定起来，那么你眼里的事情就会美好顺利了。

面对同样的情况，不同的人生态度，就会决定后来的人生境况。生活不可能是一帆风顺的，抱怨在所难免，但是人们对待生活的态度可以有所不同。你可以乐观积极地赞美生活，也可以悲观消极地抱怨生活。态度不同，人生的幸福感和生活质量自然就不同。

如果你渴望自己的人生是幸福快乐的一生，那么就把你用来抱怨的精力，花费在调整心态和努力奋斗中吧。就像威尔·鲍温说的："每个人无时无刻不在创造自己的人生。重点是真正拿起缰绳，引导马匹到我们想要去的地方，而不是我们不要去的地方。"想要好事情接连发生，就要引导我们的心往好处想，而非相反的方向。

想想看，一年之后还要紧吗

生命中有许多不足挂齿的小事，比如和你的另一半争吵，儿子调皮弄坏了你的衣服，被上司批评，或者是一个错误、一个错失的机会、一个遗失的皮夹、一个工作上的回绝，或是摔了一跤……想想看，这些让你在当时恼怒生气的事情，一年后你还会在乎吗？

把眼光放长远些，你就不会盯着这些小事不放了，也不会为它们抓破头皮、懊恼不休了。你会发现曾经在乎得不得了的事情现在想起来会十分好笑。其实有些事真的就像芝麻那么大，不把它们放在心上，它们就丝毫不会对你产生影响。

在美国加州，萨迪·邦克夫人已经年过花甲，却仍被人称誉为"飞行祖母"。她为了当一名职业飞行员，不停地学习、训练，终于拿到了执照。她最喜欢的事就是开着自己的飞机，四处旅行。

她说："依我所见，每个人都应拥有一架飞机。"当她心情不好时，便驱车去机场，把飞机开到2000多米的高空，周围的一切立即变了样。她说："当你在高空俯视大地时，万物变得非常可爱，甚至连地面上的人也很不一样。"

我们需要有这种把一切事物看小看淡的精神，虽然我们无法在心情烦躁时都去驾驶飞机飞向高空，但是我们可以运用积极的思想去淡化世俗纷扰。你的心境愈高，就愈不容易受外界影响。

陈涛阳是一位事业有成的中年人。他曾碰到件倒霉事：他开的工厂为外商做的衬衣因做工问题80%要返工，而发货期迫在眉睫。"之前从未出现过这么大的纰漏。为了赶合同期，大家只得昼夜不停地工作，一连三天，终于返修完了。"虽然这件事让陈涛阳着实紧张了一段时间，但事后想想，比起家人的健康来说，这种事不足挂齿，大不了就是赔上一些钱。

还有一次，他和朋友约好一起去酒吧喝酒。"年轻人都爱去有乐队演奏的酒吧，图的是热闹，我是为放松一下神经，所以会挑安静一点的酒吧。"听着耳边萨克斯演奏的音乐，陈涛阳心情很不错。突然，有一个男人醉醺醺地走过来，不小心洒了陈涛阳一身的酒。陈涛阳开始有些生气，但又一想，算了，大不了回家把衣服洗了，何必跟一个喝醉酒的人生气呢，不值得。之后便又和朋友们聊起天、品起酒来。

当你受到批评时，你是让批评激怒你，伤害你的感情，令你发火、闷闷不乐呢，还是欣然接受、处之泰然呢？当你遇到不快，你是任坏情绪随意扩散，还是阻止它的扩散呢？不妨来试试"歪曲时间"的游戏，你只要把目前所面对的情况，假想成不是现在正在发生的事，而是一年以前的事情，然后再问自己："这个情况真的有我所想的那么严重吗？""这件事真的值得我发那么大的火吗？"你会发现，将时间拉远开来看时，就完全不是那么回事了。

如果一个人努力去尝试，努力把烦心事丢在脑后，努力把它假想成一年前发生的事，那相信任何问题你都可以轻松处理、解决。

小事一桩，何必怒上心头

法国作家莫鲁瓦曾说："我们常常为一些不令人注意，因而也是应当迅速忘掉的微不足道的小事所干扰而失去理智。我们生活在这个世界上只有几十个年头，然而我们却因无聊琐事的纠缠而白白浪费了许多宝贵的时光。"试问时过境迁，有谁还会对这些琐事感兴趣呢？难道你真的希望让这些小事占据宝贵的生命吗？

英国作家基普林娶了一个美国姑娘，结婚后，基普林便在当地修建了一幢非常漂亮的房子，准备和妻子一起在那儿安度晚年。

妻子有一个哥哥，名叫比特。基普林和他很谈得来，两人成了最要好的朋友。没想到有几次两人却因为一些小事而闹得家族不和。

那件事源于基普林买下了比特的一块地皮，两人互相说定：虽然地皮的所有权归基普林所有，但比特有权收割这块地上的青草。可是当有一天比特看见基普林正把这块草地改建成花园时，他不乐意了，开始是满脸的怒色，之后竟然骂起基普林来，说为何不经过自己的同意就私自改建。基普林也不示弱，当场反驳道："我有权在自己的私有财产上做任何事。"一句话气得比特一连三天没和基普林说话，于是这块草地之争便使两个朋友结下了冤仇。

不久之后，基普林骑着一辆自行车在路上碰见了比特。因为比特当时坐在一辆双套马车上，路很窄，无法两个人一起过。于是比特硬要基普林下自行车让自己先过去。基普林觉得比特太不讲道理，于是就发誓要把比特告到法院去。事情的结果是基普林一无所获，他还不得不按照法庭的判决，跟妻子一起永远离开他在美国的这幢住宅。

只有能够控制自己情绪的人才是聪明的人，因为他能很好地用理智驾驭情感，也懂得珍惜时间，从不把宝贵的生命浪费在那些小事上。

生命如此短暂，如果我们将精力都花在小事上，那岂不是浪费了宝贵的生命？人生短短几十年，要尽可能快乐地生活，才会活得更开心、更有意义。想开一点，不要为一些无所谓的事情而伤神费力。两千多年前的古希腊政治家伯里克利就曾说过："我们太多地纠缠于小事了！"这一警言同样也适用于今天的人们。

在纷乱复杂的生活中，不可能事事都能够尽美，不可能件件都很顺心，不尽如人意的事总会发生。对于日常生活中一些鸡毛蒜皮的小事，我们完全用不着大动肝火。面对那些不值得生气的小事，我们何不用微笑去面对呢？微笑是豁达、是宽容，不仅能化干戈为玉帛，还能保持自己心态的平和宁静，让自己免遭怒气的伤害。

要想有一个好的心情，首先得战胜自己，别跟自己过不去。将自己的精力用到那些真正需要我们去奋斗的事上，就不会有时间为那些小事去叹息、去悲哀，生命也就不会为那些不值得的人和事所浪费。

你并没有失去一切

假如你失去了亲人、失去了金钱、失去了双腿……总之你觉得你失去了一切，可是至少你还拥有生命，只要你还活在这个世上，就不能说自己失去了一切。只要生命还在，一切都还有希望。

在生活中我们应该始终保持乐观的生活态度，即便身处逆境，也不要抱怨失去太多，抱怨越多，事情就越糟糕，心中的气也就越多。为失去生气时，不妨看着自己还拥有什么吧。

一位樵夫以砍柴为生，靠着卖柴的钱搭盖了一间可以挡风遮雨的木房子。一天，他挑着木柴到城里去卖，当他傍晚时候高高兴兴地从集市回来时，发现好不容易建造起来的屋子竟然着火了。

村子里的人都纷纷前来帮忙救火，樵夫也急坏了，但由于风势过大，火越烧越猛，浇上去的水根本没用，最后大家都放弃了努力，眼睁睁地看着炽烈的火焰吞噬了整栋木屋。

大火自行熄灭后，樵夫并不是抱着一堆死灰哭泣，而是拿起一根棍子,在废墟里不停地翻找东西,大家都以为他正在寻找藏在屋子里面的珍贵宝物,所以也好奇地在一旁关注着他的举动。

过了许久,只听樵夫兴奋地喊着:"我找到了!我找到了!"当大家看清他手中举着的东西后,都一片"嘘"声。樵夫手里举着的不是金元宝之类的宝物,而是不值钱的斧头。

可是樵夫却没有丝毫的不高兴,反而把木棍嵌入斧头里,并自信满满地说:"只要有了这柄斧头,我就什么都不怕了。我可以再靠它继续砍柴卖钱,还可以建造一个更坚固耐用的家。"

很多人在遭遇这种情况时,一定会抱怨老天瞎了眼,或是不知道今后该怎么生活。其实成功的人不是从未被击倒过的人,而是在被击倒后,还能积极地往成功的道路上不断迈进的人。

世事无常,失去一些就像老天偶尔会下雨,没什么大不了的,用一颗平常心去对待,一切都会好起来的。对于那些曾经的失败,我们要正视它,并吸取教训,转个弯继续再来。终日想着那些不幸的经历和已经错误的路途,只会越来越加剧自己的伤痛。只有先将身上的灰尘拍落,才能再轻松应战。

大学毕业后的张霄进入一家大型公司工作。由于踏实肯干、能力突出,没几年就做到了市场部经理的位置,他的前途一片光明,自然是春风得意。

天有不测风云,没过多久,公司出于战略调整的考虑,撤销了市场部,他的经理一职也自然就没有了。他在一夜之间沦为一个普通的业务员。张霄难以接受这一状况,心情低落,对工作也没了热情,甚至有了得过且过的想法。

一天下班之后，他被总经理叫住，约他一起到郊外爬山。他们费了好大的力气才爬到山顶。正当张霄迷惑不解的时候，总经理指着远处的一座高山问道："你说咱们这座山和对面那座，哪个更高大？"他回答道："当然是那座山了，全市第一嘛！"

总经理缓缓地点了点头："那么我们现在怎么才能到达那座山的山顶上呢？"张霄怔了一怔："先从这座山上下去，再上那座山。"

总经理回过头来笑道："你说得很对！有时候人往低处走也不完全是坏事。你一定很希望我把你直接放在销售经理的职位上吧？其实，就像我们刚才说的，销售和市场也是两座山，除非你是天才，能直接跳过去，我们这些凡人只有一步一步去做比较实际。更何况，在你面前的，不仅仅只有这两座山，远处还有许多更高的山呢！"

张霄明白了总经理的意图，回去之后，他开始主动学习销售方面的知识，慢慢又找回了以前的工作热情。一年后，他做到了销售部经理的位子。两年后，他又成为总经理助理。

有时不是失去阻碍了我们前进的脚步，而是我们自己被自己束缚了。如果我们认为自己失去了一切，就会意志消沉，把人生过得灰暗颓废。

人生起起浮浮，跌到谷底之后就会上升，只要我们不放弃，就能乘胜追击，迎来又一个繁荣。所以忘记你现在的失去，要知道路没有走到尽头的那天，一切都还有机会，而一切的机会又都在我们手中。聪明的人会把失去的当成一种成功前所投资的资本，任何成功都是在克服困难中得来的。失去并不糟糕，糟糕的是你以为自己失去了一切。

向前走，别再看那个绊倒你的坎

被绊倒了，站起来，拍拍尘土继续行走。人需要朝前看，一直回头观望那个绊倒自己的坑毫无意义，只会惹得自己更加生气。人生在世，对以前的事耿耿于怀是无济于事的，就算再怎么责备自己，也只能是徒劳。与其这样，何不把这些精力花费在你真正需要认真对待的事情上呢？只有朝前看，才能看好脚下的路，如果不停转身看那个坑，你可能会犯同样的错误，再栽一个大跟头。

罗丹出生于一个贫寒的家庭，但他对雕塑十分着迷，在老师勒考克的鼓励下，他到雕塑室进行训练。虽然常常食不果腹，但罗丹告诫自己一定不能放弃。

罗丹很努力，他每天从巴黎的这一头赶到那一头，对这座城市的街道、大桥、花园、广场和古代建筑都了如指掌，他随身携带小本子，画了成千上万幅写生。周一至周五学习，周六罗丹就泡在家里根据记忆画想要雕塑的人物草图，周日则待在家里用黏土进行创作。

三年后，罗丹在老师勒考克的同意和另一位雕塑家的推荐下，满怀信心地去参加美术学院的考试。但最后，他的希腊风格的塑像没有打动主考官，罗丹"落选"了，而且主考官还在他的名字后写上："此生毫无才能，继续报考，纯系浪费。"

看着这样的评语，罗丹犹如五雷轰顶，沮丧地走出了考场。此时，另外一位学画的朋友告诉罗丹："你是个雕塑天才，但由于你是勒考克的得意门生，所以他们囿于门户之见，永远也不会录取你。"

后来为了维持生计，罗丹只得先找到一份做建筑物缀饰的活儿。后来，罗丹又遭到了一次打击：二姐不幸病逝。二姐一直都支持罗丹搞雕塑，所以不得不忍受男友的抛弃去修道院。对于二姐的离去，罗丹痛不欲生，他觉得自己对二姐的死负有责任，必须赎罪，所以在一个冬日的雨夜，罗丹背着老师勒考克，独自去了修道院顶替二姐的位置。

罗丹在一年后结束了修道士生活，重新回到老师身边。勒考克又惊又喜，让罗丹使用自己那视若生命的工作室。在经历这么多磨难之后，罗丹终于下定决心：不管以后遇到什么样的挫折，也不会犹豫动摇自己的信念，一定要取得事业上的巨大成功。

后来的罗丹，成为雕塑界一颗闪亮的明星，他的《思想者》《巴尔扎克》《吻》等许多无与伦比的艺术精品成为全人类的精神文化宝藏。

遭遇挫折，面对灾难，我们不应沉溺其中。当你扭转头往后看那个绊倒你的坑时，你又会想起以前的不幸经历，之前的伤疤又会被你重新揭开，隐隐作痛。把头抬起来，天空依然星光灿烂。苦难有时会置人于死地或让人颓废，但有时也会使人焕发巨大的潜能，快速地成长。

不管遇到什么，也许有跌倒的时候，也许有不够勇敢的时候，但是如果跌倒了就不敢爬起来，就不敢向前走，或者就决定放弃，那么你将永远止步不前。只有抬起头，勇敢地朝前看，才能战胜一切困难。

拿破仑帝国时期，法兰西与其他欧洲国家长年累月地发生大规模战争，拿破仑大军所向披靡，横扫整个欧洲战场，其余欧洲国家不得不结成同盟，以对付拿破仑。当时，指挥同盟军的是威灵顿将军。

同盟大军在威灵顿的指挥下一次次败给拿破仑。在一次大决战中，同盟军再一次损失惨重。威灵顿硬是杀出一条血路，率领小股军队冲破包围，逃到一个山庄。疲惫不堪的威灵顿觉得自己很窝囊，想到一次次的惨败，顿时悲从心来，甚至想到了自杀。

就在威灵顿痛苦万分的时候，他突然发现墙角有一只蜘蛛在结网。可是每次蜘蛛刚要把蛛丝拉到墙角的一边，大风一吹便断了。试了好几次，还是没能成功。威灵顿望着这只屡次失败的蜘蛛，不禁又想起自己的失败，心中更加悲凉。

蜘蛛又开始了它的第四次努力。威灵顿静静地看着，心想：蜘蛛啊，放弃吧，你是不会成功的。这次蜘蛛还是以失败而告终，但它丝毫没有放弃的意思，又开始了新的忙碌。

一连六次，蜘蛛都失败了。威尔顿这下想：该放弃了吧？但是蜘蛛没有，它仍旧不慌不忙地吐出丝，然后爬向另一头。第七次，蜘蛛网终于结成了！小蜘蛛像国王一样护着它的网。

威灵顿被这一幕感动了，蜘蛛越挫越勇、永不放弃的精神让他明白了什么。他朝蜘蛛深深地鞠了一躬，迅速地走了出去。威灵顿不去想之前的那些失败，而是集中精力准备下一次战斗。他激励士气，迅速集结被冲垮的部队，终于在滑铁卢一战，大败拿破仑，取得了决定性的胜利。

真正的强者，不畏任何艰难险阻，他们不屈不挠，百折不回，直到抵达胜利的彼岸。牛顿曾说："如果你问一个善于溜冰的人怎样获得成功，他会告诉你说，跌倒了爬起来，这就是成功。"

每一次失败与挫折都会使一个勇敢的人更加坚定。如果没有跌倒的刺激，我们或许会甘做一个平庸的人。逆境最能锤炼和磨砺人的品格，往往正是这些逆境，激发起我们的勇气与斗志，使我们得到能力的提高和思想的升华。经历了失败的痛苦，不要纠缠于其中，而是要站起来，重新昂扬斗志，这时，我们才会感受到自己真正的力量。

宿命，只是弱者安慰自己的借口

从来没有命定的不幸，那些口口声声说自己"注定不行"的人，只是在为自己的脆弱找借口。巴尔扎克曾说，苦难对于天才是一块垫脚石，对能干的人是一笔财富，对弱者是一个万丈深渊。

《动物世界》中曾播出过这一幕：猎豹突然向一群正在迁徙的野牛袭击，被惊吓的牛群惊恐得四处奔逃，躲避猎豹的追捕。一只只野牛在奔逃中被扑倒，有气无力的挣扎使它们显得更加无助，哀鸣了一声后，它们成了猎豹的食物。

猎豹又将目标转移到一只看似弱小的野牛上，就在这只小野牛快被猎豹追上的时候，它突然停住，全身奋力后坐，努力将身体的重心后移，在非常短的时间里，这只小小的野牛停住了，它身体周围随即腾起浓浓的尘土。

在这千钧一发之际，急停下来的小牛一下子转过身来，愤怒地沉下头，扬起头顶上那对尖硬的角，猛抵冲过来的猎豹。快速奔跑过来的猎豹还没反应过来，就被野牛尖角抵住了身体、扎破了肚子，猎豹被小野牛用角抛向空中。其他猎豹被这一幕惊呆了，先是顿立，继而掉头逃走。而那些只知道躲避的野牛还不知道情况，仍然在拼命地奔逃。

　　面对凶猛的猎豹，野牛唯一的选择就是逃跑。但呆板的它们不管前面是沼泽、丛林，还是高山、断壁，只知道一个劲地往前冲。一条直线的逃跑方式，使它们成了猎豹最好的猎物。如果说野牛被猎豹捕杀是宿命的话，为什么那只小野牛仅仅是把逃跑变成了回首痛击，就击败了对手，战胜了死亡？事实上，从来都没有命中注定要怎样，关键在于个人的作为，选择直面迎击，还是畏缩逃避，这决定了一个人的命运。

　　杰米原本是一个电动机厂的经理，但不幸的是他破产了。就在法院通知他听候破产判决的那天，太太领着儿子与他离婚了。没了房子，没了车子，都不算什么，可是杰米接受不了自己还失去了妻子和孩子。面对这突如其来的一切，杰米感到非常痛苦。

　　但是，杰米并没有被击倒。首先，他知道自己需要重新找个能睡觉的地方。无奈之下，他选择睡在地铁站旁边。

　　为了挣钱养活自己，杰米决定从最底层干起：靠捡破烂维持生存！他每天背一大袋的可乐空瓶去卖，并且每天都要总结一天的成功之处，分析失败之处。久而久之，他养成了一种很好的工作模式，而且一直保持到现在。

　　后来杰米用他捡破烂换回的2700澳元作为创业资金，今天他已是有上亿美元个人存款的富翁了。

　　对于自己的人生大逆转，杰米说："回顾我的成功，如果没有那一次的破产打击，我是绝不会意识到那些决定我成功的因素，例如怎样面对打击和痛苦，怎样用痛苦与失败激励我明确奋斗的目标，怎样看待每一分钱，怎样很好、很有效地利用每一分钱，我需要弥补什么，等等。"

失败不是你的宿命，苦难也不是你的宿命，如果说有宿命，那它就在你的掌中。你怎样对待困难，你的命运就会发生怎样的改变。困难会让人改变，改变无非是两个方向，一个是积极正面，一个是消极负面。有些人在困难面前退缩了，认为自己命该如此，其结果只能是一事无成或小有成就；有些人迎难而上，化困难为动力、机遇，他们便走向了进一步的辉煌。

一切都将雨过天晴

生活中的不安和困难都在所难免，总沉溺其中，不停抱怨，不断自责，只会将自己的心境弄得越来越糟。人生的道路并不总是阴雨连绵，雨下透了，天也就晴了。生命中的一切不顺也一样，终将雨过天晴。

她是一位优秀的跳水运动员，这次，她要去参加一个重要的国际比赛。无论是教练还是观众，都一致认为她是最有希望夺得冠军的人选。她不负众望，发挥稳定，表现出色，以一个个高难度的动作征服了评委。

但就在最后一跳的时候，大家以为冠军非她莫属了，可惜她竟然出现了技术错误。裁判给了她全场最低分，一下子，她失去了优势，最后她只拿了第二名，与冠军的成绩相差 0.1 分。

这个结果让她和教练遗憾地哭成一团，当所有观众看到这一幕的时候，都为之动容。她自责、懊悔，认为自己辜负了祖国人民的希望，也辜负了教练的悉心培养，更辜负了自己的汗水和努力，她不知道如何面对一直关心自己的人们。

她坐在返程的飞机上，头脑中浮现的是那场比赛最后几分钟的情景。她害怕记者的追问，更不敢去面对辱骂和嘲笑，在下飞机之前她心中的不安达到了极点。

但她错了，当她走进飞机场的时候，眼前的景象让她感到意外。许多观众手捧鲜花，在机场外面等待着她的到来，显然他们没有因为她的失误而责怪她。有的人手中还举着标语："失败了也要昂首挺胸！""这些会过去。"

三年之后，她再次代表国家出战，这一次她没有出现失误，得到了久违的冠军奖牌。

面对失败，应该告诉自己"这些会过去"，失败了就继续努力，没有什么会一直保持现状，总有那么一天，你会等到雨过天晴。

第四章 ▷

**多为拥有的庆幸，别为得
不到的郁闷**

盯住那些你想要还没有得到的，无论你已经获得多少，都会觉得自己是个穷人。仔细数数那些握在你手心的，你会发现自己其实已经很富有。

其实，你已经很富有

对于你来说，什么才叫富有？月薪 8000 元的工作能让你满足吗？100 多平方米的房子让你有安全感吗？越来越多的人追求的是没有尽头的所谓的"高品质"生活。平房换成楼房还不够，还想买别墅；去娱乐城唱歌不够，还想去打高尔夫；有了液晶电视、笔记本还不够，还想换最新款的手机、最时尚的数码相机；开小汽车不够，还想换霸气的 SUV；国内旅游不够，还想去国外 Shopping……即便自己已经衣食无忧，也总是哭穷，所以这样的人没有一刻觉得自己富有。

当你问不同的人，什么才叫作富有时，有的人会回答说有花不完的钱就叫富有，有的人会说有健康的身体就是富有，有的人会说有家人陪伴身边就叫富有，有的人会说拥有自由就是富有……所以何为富有，不是用金钱能衡量出的，富有在每个人心中有着不同的定位。其实，富有是一种心灵上的满足。

现在很多人都成了"穷忙族"。无论是收入尚可的白领，还是普通打工者，都表示生活令自己很疲惫，认为自己已经加入"穷忙族"的队伍。然而有些人的收入其实并不低，但就是觉得自己很穷，觉得必须要这么忙下去。

在外贸公司当翻译的肖丽丽说，自己月薪 4300 元，扣除各种保险，每月可供支出的有 4000 元左右，但就是觉得和别人有很大差距，所以为了加班费，甘愿最后几个下班。

在一家事业单位就职的胡韵雪说，自己每天 8 点半到单位，忙碌一整天，回到家已是晚上近 8 点的样子，匆匆做饭，哄孩子睡觉，晚上 12 点躺在床上时已筋疲力尽。虽然不用为一日三餐发愁，但整个人就是一架高速运转的机器，无比疲惫。

王飞在某机关工作，他说自己每个月 3000 多元的工资，在兰州这个城市已经算是不错了，但上有老下有小的他，要考虑孩子考学、成家，父母的身体状况，未来的开支无法估计，生活的压力让他疲惫不堪。

明明已经过上小康生活，却总把自己当成还在温饱线上挣扎的人；明明已经升到管理层，还是觉得不满意；明明有车有房，却总爱在朋友面前唠叨自己是穷人。到底什么才叫富有？年薪千万？家中有豪宅别墅？还是买辆车跟买手机一样随便？不满足，你永远感觉不到自己富有。

富有其实就是珍惜已拥有的一切。如果你想生活得快乐，那么就学会知足吧！在沙漠里，拥有食物和水才叫富有，它们远比成堆的金钱更管用；在大海上，对于在一艘即将下沉的船上的人来说，拥有救生设备才叫富有；在贫困山区，能拥有一支完好的铅笔和一本干净的作业本，那就是富有。石油大王洛克菲勒说了一句发人深省的话："我所认识的人中，最贫穷的，就是那些除了金钱之外一无所有的人。"金钱是财富的象征，却并不等同于富有，尤其无法等同于精神上的富有。

有一位青年，老是埋怨自己发不了财，哀叹为什么自己不能成为富翁，终日愁眉不展。于是，他就去找一位智者请教。

青年向智者诉苦道："为什么我的朋友个个都比我有钱，而偏偏我却总是这么穷呢？"

"穷？你一点也不穷！"智者由衷地说道。

"我不能买昂贵的衣服，不能买豪华的跑车，不能去各地旅游，我什么都没有，难道我还不穷吗？"青年一脸愁容地说道。

智者反问道："假如让你入狱一年，给你1万元，你愿不愿意？""不愿意。"年轻人回答。

"假如让你失去双腿，给你10万元，你愿不愿意？""不愿意。"

"假如让你失去你最爱的人，给你100万元，你愿不愿意？""不愿意。"

"假如让你马上死掉，给你1000万元，你愿不愿意？""不愿意。"青年斩钉截铁地回答道。

智者终于笑了："这就对了，你拥有自由、拥有健康、拥有爱情、拥有生命，你已经拥有超过1000万元的财富，为什么还觉得自己不够富有呢？"

青年听了这番话后，突然什么都明白了，于是他不再整天愁容满面，不再发牢骚认为自己一无所有，而是认真开心地过好每一天。

很多人盲目地把金钱多少作为衡量是否富有的标准，的确，钱是可以让人获得物质上的富足，但精神上的自由、快乐和幸福却是钱买不到的。

富有来源于内心的满足，怀着无穷无尽的贪欲的人，即使腰缠万贯，也不是一个富有的人。平安是富，无病无灾是富，和睦温馨是富，顺利快乐是富，这些都是金钱所不能买到的。记住，其实你已经很富有。

别以为每个人都该喜欢你

无论你付出多大的努力，即便你做得近乎完美，就算你觉得自己已经做到了满分，也总还是会有人不喜欢你。因为每个人都有自己的喜好、想法和观点，我们不能强求所有人保持统一的思想。

无论怎样，我们其实都不能得到他人百分之百的肯定。所以不要因为别人的批评和指责而生气不已，也不必苛责自己，更不要在别人的言论里迷失了自我。

有一位画家想画出一幅人人见了都喜欢的画。画好后，他拿到市场上展出，并在画的旁边放了一支笔，并附上说明：任何一位观赏者认为此画有欠佳之笔，均可在画中做记号。

晚上，画家取回了画，发现整幅画都涂满了记号——没有一笔一画不被指责的。画家十分不快，对这次尝试深感失望。

第二天，画家决定换一种方法去试试。他又按那幅画临摹了一张，再拿到市场上去展出。可这一次，他要求每个观赏者把认为最好的那一笔作上标记。当画家再取回画时整个画上又涂满了标记——所有曾被指责之处，如今都画满了标记！

画家不无感慨地说道："我现在发现一个奥妙，那就是：我们不论干什么，只要使一部分人满意就够了。"

人总是渴望得到别人的认可，比如，今天穿了一件新衣服，听到别人的赞美会乐滋滋的，若是没有人注意到自己的新衣服，有时也会主动问别人："看，这是我昨天新买的，今年流行的新款，漂亮吗？"

如果是得到了一片清一色的赞扬声，那还好，若是其中有人表现出不屑，或者指出了缺点，那么本来愉快的心情，就会因此而低落下来，甚至迁怒于那个说了缺点的人，从此在心中埋下芥蒂。

其实，我们周围的世界是错综复杂的，我们每个人都生活在自己所感知的经验现实中，别人不可能完全认识你的本来面目和完整形象。别人对你的认识或许如同多棱镜照出的不同侧面，甚至有可能像照哈哈镜般扭曲变形，你怎么能期望人人都对你满意呢？

有一个人是某大公司的职员，可是他却整日发愁，不知道自己该怎么做。比如，他和新来的女同事接触，就有人怀疑他居心不良，于是他就不敢再与新同事接近了；到某领导办公室去了一趟，就引起这样或那样的议论，所以他没事就很少去领导办公室了；开会的时候，他说话直言不讳，就有人说他骄傲自满、目中无人，于是他就闭口不言；默默地努力工作，又有人说他死心眼、太傻……凡此种种蜚短流长的议论和窃窃私语，可以说是无处不生、无孔不入，搞得他心乱如麻，都快崩溃了。

如果你期望人人都对你感到满意，你必然会要求自己做得尽善尽美。但你认真努力，去尽量适应他人，就能做得完美无缺，让人人都满意吗？显然不可能！这种不切合实际的期望，只会让你背上沉重的包袱，顾虑重重，活得很累。

有一个士兵当上了军官，心里甚是欢喜。每当行军时，他总喜欢走在队伍的后面。一次在行军过程中，他的敌人取笑他说："你们看，他哪儿像一个军官，倒像一个放牧的。"军官听后，便走在队伍的中间，他的敌人又讥讽他说："你们看，他哪儿像个军官，简直是一个十足的胆小鬼，躲到队伍的中间去了。"军官听后，又走到了队伍的最前面，他的敌人又挖苦他说："你们瞧，他带兵打仗以来还没打过一次胜仗，就高傲地走在队伍的最前边，真不害臊！"军官听了，腿就不听使唤了，在别人的指手画脚下，他连路都不会走了。

事实上，很多人都会犯这样的错误，常常为了讨好别人，而在不觉中迷失了自我。你不会赢得所有人的喜爱，而且也没有任何人能赢得，所以请允许有人不喜欢你，这很正常。

歌德曾说："每个人都应该坚持走为自己开辟的道路，不被流言所吓倒，不被他人的观点所牵制。"只有常听听自己内心的想法，而不是过多地关注别人的想法，我们才能获得真正的快乐。

为失去太阳流泪，也将失去群星

泰戈尔说："如果你因失去太阳而流泪，那你也将失去群星。"我们总是执着于、感伤于曾经失去的，以致忽略了身边的风景以及未来可能存在的惊喜，这不能不说是一种得不偿失。

也许没有人不会为失去太多而感到生气和痛苦，但是失去的已经永远失去，不要把过多的精力投注在已经过去、没有意义的事情上，过多的留恋只会让你失去更多。让昨天的失去永远定格在昨天，是你活得快乐和成功的一种优雅的心态。

　　波尔赫特是一位著名的话剧演员，她在世界戏剧舞台上活跃了50年之久，但当她71岁时，却破产了。更糟糕的是，她在乘船横渡大西洋时，在船上不小心摔了一跤，腿部伤势严重。医生认为只有把腿截去才能使她转危为安，但又怕她受不了这个打击，因此迟迟不敢告诉她这个消息。

　　可事实证明，医生想错了，当医生告诉她这个消息的时候，她平静地说："既然没有别的更好的办法，就这么办吧。"

　　手术那天，波尔赫特在轮椅上高声朗诵戏里的台词，有人问她是否在安慰自己，她回答："不，我是在安慰医生和护士。他们太辛苦了。"

　　后来，波尔赫特又继续在世界各地演出，又在舞台上工作了7年。

　　仔细想想人生几十年，长一点也不过百年，来的时候赤条条，最终也两手空空地离开。所以，生命的意义不在于到达目的地，而在于这短短的过程。

　　如果我们在有限的生命里，把过多的时间都耗费在对失去的耿耿于怀中，那是多么大的浪费啊。曾经的失去可以成为我们以后的借鉴，但我们不能因此背上包袱，我们还有很长的路要走。只有丢掉那些因为失去而衍生的哭泣、烦恼，轻轻松松上路，你才会越走越快、越走越欢愉，路也才会越走越宽。

　　登普西是一位优秀的拳击手，不过一次他把重量级拳王的头衔输给了腾尼，这给他造成了很大的打击。

　　那次比赛到第十回合结束时，登普西已经坚持不住了。他的脸肿了起来，而且伤痕到处都是，两只眼睛几乎无法睁开。最后，裁判员举起腾尼的手，登普西输了，他不再是世界拳王。面对这一打击，登普西一时还无法接受。他淋着雨往回走，神情失落到极点。第二年，登普西再次败给了腾尼，他这才意识到自己已经老了。

悲伤是难免的，但登普西对自己说："我不打算生活在过去，或是为打翻了的牛奶而哭泣，我要承受住这一次打击，不能让它把我打倒。"

为了不再忧虑，登普西一再问自己："我不为过去而忧虑吗？"不是的！这样做只会再强迫他想到过去的那些失败。他的做法是承受一切，然后忘掉他的失败，集中精力计划未来。

后来登普西经营了位于百老汇的一家餐馆，安排和宣传拳击赛，举办有关拳赛的各种展览会。忙绿的生活使得他没有时间也没有心思再为过去担忧。

忘记昨天的悲伤，忘记自己所失去的，把精力和目光更多地给予现在，去争取更美好的未来。多数时候，失去是被迫的，是我们无法掌控的，但是我们可以选择面对失去的态度。

加里·格莱兹布鲁克曾是一个剪毛工，在一次车祸中失去了双腿和一只手臂。但是他并没有一蹶不振，而是将一辆摩托车改造成只用一只手就可驾驶，并且整天骑着它东奔西跑，亲自监督牧场上的活动。

不被命运所击倒，才能寻回自己的天空。有时候，失去也未尝不是一种获得，一个拥有一切的人必定在某些方面是贫乏的，他可能不知道什么是渴望、梦想、奋斗、进取，可能不知道梦寐以求的愿望实现时是多么舒畅。一个不曾体验过生活坎坷的人，又怎能体会到雨后彩虹出现时的欣喜和激动？

失去的，已经成为永远的过去，重要的是我们不能让心一直停留在过去，比过去更重要的是现在，若为了已经错过的太阳而继续错过灿烂的群星，实在是太可惜了。

别让心灵在奔跑中日渐麻木

越来越多的人为了实现自己的梦想或利益，就像一台机器，不愿停息。他们的生命在奔忙中耗损，而他们的精神也在残酷的竞争中和快节奏的生活中趋于紧张，以致麻木或崩溃。

你拥有的已经不少，完全可以停下来歇一歇，享受风景了。如果你过分地专注于奔跑，就会忽略当下的快乐。

拉比看见一个人行色匆匆、急急忙忙地赶路，便把他叫住，问道："你在追赶什么呢？"

"我要赶上生活。"这个人头也不回、气喘吁吁地回答。

"你怎么知道生活在前面呢？"拉比继续说，"你拼命往前跑，一心一意想赶上生活，可是你怎么不看看四周呢，问问自己生活究竟在哪儿？也许生活正在你后面追赶你呢。只要你静下心来，它就能与你会合；可是你却越跑越快，拼命逃离了自己的生活啊。"

人有时候应该静下心想想，自己在做什么？做这些的目的是什么？最初的时候，我们都是为了更美好的生活而开始奔跑，可是渐渐地，我们忘记了这个初衷，只是机械地、盲目地前进，我们的腿已经麻木，我们的眼睛忽略了身边美丽的风景。

工作对人生是有益的，但是如果一个人只知道工作，而不知道休息的话，他就会成为工作的奴隶、时间的奴隶。

曾经有人问一位快乐健康的成功人士："你工作 1 小时可赚 50 美元以上，如果每天多休息 1 小时，一月就少赚最少 1500 美元，一年少赚最少 1.8 万美元，这值得吗？"

成功人士很快地回答说："假如一天工作 8 小时不休息，一天可赚 400 美元，那我的寿命将减少 5 年，按每年收入 12 万美元计算，5 年我将减少 60 万美元收入，假如我每天多休息 1 小时，那我除损失每天 1 小时 50 美元外，将得到 5 年每天 7 小时工作所赚的钱，现在我 60 岁，假设我按时休息可活 10 年，那么我将损失 18 万美元，18 万和 60 万谁大呢？"

问的人哑口无言。听了成功人士的答案，我们也不得不佩服他的精明！

很多人都会借口说自己太忙了，没有时间休息，他们拼命工作，认为这是一种聪明的行为，却不知道不会休息的人才是愚蠢的人。

现代人生活节奏太快，有太多的压力要去承受，每天都在忙忙碌碌地生活，过得十分辛苦，有时候真的应该停下来思考一下，比如反思一下最近的工作和生活，想想目前的这种状况是怎么产生的，从哪里下手才能兼顾其他方面的事情，从而做出一个合理的安排，不至于盲目地乱做一气，那样只能越做越忙，最后得不偿失。

如果你永不停息地持续向前奔跑，就会对生活日渐麻木。只有

经常让自己安静下来、思考一下人生的人，才能游刃有余地处理好
各种事情，充分地享受丰硕的人生。

过于执着想要的结果，只会加重你的不幸

　　任何事情一旦做得太过分，结果不仅会适得其反，还会让自己
生气不已。你的孩子学习成绩一般，你非要求他考上北大、清华，
只会使他心理日趋紧张，以致产生对学习的厌恶，其结果可能连一
般的本科甚至连大专都考不上。一个五音不全并且对音乐毫无兴趣
的小孩，你非要逼他苦练钢琴，要求他成为一个肖邦那样的大钢琴
家，这只会给他增加痛苦。有时候，我们需要学习顺其自然，学会
放手。

　　一个女孩失恋了，与之相恋了四年多的男友忽然提出与她分
手，她想起他的种种海誓山盟，他说要爱自己一辈子，陪自己一辈
子……她想起他对自己说的甜言蜜语："宝贝，你是我的最爱，我就
愿意被你欺负……"可这一切，不过才经历了四年的时间，怎么一
夜间就烟消云散了呢？

　　她每天以泪洗面，她想求他不要离开自己，她给他打电话，他
不接，发信息，他不回，后来他干脆悄悄换了号码。她发疯一样四
处找他，才发现他已经辞职，搬了家，而他的朋友也都不知他的去
向，他彻底消失了。

　　她不甘心，不甘心就这样失去他，她无心工作干脆辞了职，放
任自己在漫无边际的痛苦里游荡。终于有一天，她的一个朋友说曾
在一家餐厅里见到他和一个女孩在一起，很亲密的样子。她的泪汹

涌而出，好久才恨恨地说："我要报复他。"她开始抽烟、喝酒，可是她没有因此而获取快乐，相反却陷入了愈来愈深的痛苦之中。

不懂放手，只能将自己推入痛苦的深渊。爱无对错，别苦苦纠缠你的得失，他爱你时出自本意，他同样也有投入和付出，离开时也并非他故意变心。若强迫一个不再爱你的人留在你身边，比失去他更为悲哀！

如果你不爱一个人，请放手，好让别人有机会爱他；如果你爱的人放弃了你，请放开自己，好让自己有机会去爱别人。

分开的时候，认真地问自己：是否还爱他？若已不爱，不要为可怜的自尊而不肯离开。如果还是那样深爱，要明白爱不是占有，爱他就给他幸福。

当你爱的他选择转身离去，请你也学着转身，把悲伤留到背后，让时间慢慢地淹没、慢慢地分解，直到你能开始新的生活。

过于执着于自己想要的结果只会给自己造成更大的损失。其实有很多时候，只要我们舍得放手，很多问题就可以迎刃而解，只不过为了心中的那么一点点的不甘心，大家都只是一味逃避这个事实，甚至不惜付出更大的代价、更多的精力，宁愿忍受着牢笼之苦，也不愿解脱。

当我们不再执着于不切实际的梦想，就能正视自己，使自己拥有一个精彩的人生。

作家素黑说："从来没有命定的不幸，只有死不放手的执着。"若你不肯放手，即便是微不足道的伤口，被你不停地拨弄，也不会愈合，反而会加速溃烂。放手，再深的伤口，也能痊愈。

别再抱怨，你已经足够幸运

我们常常因为自己的某些不幸而生气，其实是我们忽略了自己的幸运，就像叔本华说的："我们很少想到我们已经拥有的，而总是想到我们所没有的。"快乐更多的时候，就隐藏在琐碎生活的每一个细节里，它不是财富，不是权势，而是一颗积极向上的健康的心灵。

有人曾经问雷伯克，当他毫无希望地迷失在太平洋里，和他的同伴在救生筏上漂流了 21 天之久时，他学到的最重要的一课是什么？他回答说："我从那次经历中所学到的最重要一课是，如果你有足够多的新鲜的水可以喝，有足够的食物可以吃，就绝不要再抱怨任何事情。"

在一场战争中，一个士兵的喉部被碎弹片击中，输了 7 次血。他写了一张纸给他的医生问道："我能活下去吗？"医生回答说："可以的"。接着他又写了一张纸条："我还能不能说话？"医生点点头说："可以的。"最后一张纸条上他写道："那我还担什么心！"

很多时候，我们的遭遇比起上述两例来，实在是微不足道，那么，我们还有什么可担心的呢？还有什么理由生气呢？

有的人经历了一点挫折，就开始抱怨上天不公，但也许他们不知道，那些伟大的人曾经经历了许多磨难和痛苦，比起他们，我们已经相当幸运了。

英国有一位叫约翰·克里西的作家，年轻时非常勤奋地写作，寄出去的743封稿，接二连三地都被退了回来。在沉重的打击面前，他并没有灰心，因为他已经知道了，最坏的结果无非就是被退回稿件。他确实在承受许多人不敢想象的挫折和失败的考验。如果他就此罢休，之前所有的退稿都变得毫无意义，但他一旦获得了成功，每一封退稿的价值全部都将被重新计算。正因为怀着这样的想法，所以他成功了。

逆境是最严厉、最崇高的老师，它用最严格的方式教育出最杰出的人物。它教育人们要想获得深邃的思想或取得巨大的成功，就不能害怕苦难和不幸。往往不幸的生活造就的人才会更深刻、严谨、坚忍并且执着。一个真正勇敢的人是不会在逆境之中沉沦的。那些对逆境心存愤懑，抱怨命运不公的人，命运也不会眷顾他。

英国有很多教堂里都刻着"多想""多感激"，这两句话也应该铭刻在我们每个人的心上。"多想""多感激"，想所有我们值得感激的事，为我们所得到的一切而怀一颗感恩的心。

生活已经给予我们很多，我们还有什么可抱怨的呢？想想那些生活在困苦中的人吧，你会发现自己是多么幸福；想想那些躺在病床上的人吧，你会发现自己健康的身体是多么宝贵。

别再四处寻找幸福之门了，因为，你就站在幸运之屋里。

知难而退，也是一种智慧

背着沉甸甸的执着，有时未必是好事。坚持是实现梦想的条件，但不是必备条件。知难而退，有时是勇气，有时是愚蠢。必要的时候，知难而退，不是懦弱而是一种智慧。

霍顿想自己创业，但一连好几次都失败了。这次的打击更大，他的妻子因为霍顿的惨败离他而去。

在一个晴朗的早晨，霍顿起床，他拿了一根绳子来到树林里准备自杀。对于生活，霍顿觉得已经毫无留恋。他走到一棵结实的樱桃树下，想把绳子挂在树枝上，但扔了好几次也没挂上去。霍顿沮丧地想：难道老天爷连这种事也不让我成功？

霍顿有些生气，于是干脆直接爬上树去。树上挂满了樱桃，看着红透的樱桃，霍顿忍不住摘了一颗放进嘴里。真甜啊！于是霍顿又摘了一颗。霍顿就这样一直吃着，犹如一个馋嘴的小孩品尝着樱桃的甜美。直到太阳出来，万丈金光洒在树林里，阳光下的树叶随风摇曳，霍顿眼里闪烁着细碎的亮点。

忽然，霍顿心中莫名升起一股幸福感，他第一次发现林子这么美，美得让人心动。这时有几个上学的孩子来到树下，请霍顿摘樱桃给他们吃。霍顿对他们微笑，为他们摇动树枝，看他们欢快地在树下捡樱桃，然后蹦蹦跳跳去上学。

望着孩子们远去的背影，霍顿突然发现生活中仍然有那么多事值得自己高兴，还有那么多美好的东西等着自己去享受。霍顿问自己：我为什么要早早地离开人世呢？我应该享受生活。霍顿终于想通了，于是他收起绳子回家。

之后，霍顿放弃了创业的想法，而是在一家网络公司找到了工作，每天过得忙碌而充实。

生命是一列疾驰的火车，沿途有许多美丽的风景值得我们留恋。当你错过了一样东西，当你在一件事情上一次次失败，不必后悔没看到这一段的"风景"，因为转换一下视线，你会发现前方依然会有美丽的风景在等着你。

　　每当身处逆境的时候，与其生气流泪，还不如依自己既有的条件去重新开辟一方土地，机会无处不在，不一定非得一条胡同走到底。

　　戈尔曾任美国副总统，1988年竞选民主党总统候选人失败，2000年与小布什竞选美国总统，但最终的结果众所周知，戈尔又一次落选。当有记者问及戈尔会不会参加2008年的总统竞选时，戈尔坦然地说道："我已经放弃了对政治的热爱。"

　　不少人如果经历这样的失败，肯定心存怨气。但戈尔却表现得很平和，并且将目光投向了关系人类生存的地球环境问题，将他的主要精力用在呼吁环境保护上，并号召全世界人民共同行动起来关注、解决日益威胁人类生存的温室效应问题。

　　七年来，他做了上千场演讲，并拍摄了关于地球环保的纪录片，还出版了相关书籍，让更多人认识到温室效应的严重性。一开始的时候总是万分艰辛，他不仅要面对很多人的冷漠，还要面对反对者的抹黑和打击，但他坚定地走了下去，这种种的困难并没有浇熄他为人类和地球改变现状的热情。

　　这位曾经落败的候选人，终于在及时改变人生方向后，获得了他多年来所付出的回报，很多人受到了他的积极影响，自觉行动起来，从身边的小事做起来支持他的环保事业。戈尔也最终获得诺贝尔奖评选委员会的高度肯定。

　　在获得诺贝尔奖后，有记者问他："你是否还会去竞选美国总统？"戈尔微微一笑，说："这世界上有比当总统更伟大的事业，我为什么还一定要走那条路呢？"

　　失败后继续坚持的精神固然可贵，但不分析形势利弊，只顾埋头苦干，下一次结果可能仍然是失败。知道适时停止，懂得放下，你会看到前方有更宽广的路在等待着你。

第五章 ▷

**心情好时怀抱感激，心情
不好时保持风度**

心情好的时候，我们会觉得这是一个充满爱和温情的世界，这时候心怀感激是容易的。而当心情陷入低潮，常常会不自觉地愤怒、发火，其实这个世界并没有改变太多，保持风度，才不会做出令自己后悔的傻事。

学会感知幸福

生活中，我们生气的时候似乎总比幸福的时候多。幸福是什么？幸福是自己的一种感觉、一种追求、一种生活方式和态度，甚至是一种智慧和能力。幸福需要用心去感知。

以前她从来也没有意识到其实自己是幸福的，因为每次看到别人有这有那，感觉自己总也比不上人家，于是开始感叹这个世界不公平。

直到有一天，她的一位朋友病了，她去医院看望，看着朋友苍白的脸色，连说话都很吃力，她心中觉得无比难受。走出医院，她抬头看看明媚的天，一下子觉得自己很幸运，还能自如走动，还能看到路上孩子的笑脸，还有阳光和微风抚慰自己。

从那一刻起，她不再羡慕别人，因为她能够感知到自己的幸福。

幸福会隐身，无心的人总是看不见它，总是觉得它离自己很遥远。只有懂得细细去体味、感知的人，才会时刻都体会到幸福的味道。

有一位教师这样描述自己的幸福：

"我幸福，因为我有一个温暖的集体。刚参加工作时，我深感来自各方的压力。由于经验的不足，教学上诸多地方对自己不满意。但同科的老教师会给予我很多方面的指导，校长也给我鼓励和一些指导性的建议。后来我没有让领导失望，成功送走了一届毕业班。

我觉得身后有这么有胆识的校长和德高望重的教师队伍做我的后盾，我很幸运也很幸福。

"我幸福，因为我的付出得到了学生的肯定，当我看到一张张贺卡上的寄语：'老师：一年半了，相信您和以前一样充满活力、一样健康、一样幸福。''我们一直深深地爱着您。真的好想您。'学生的一句句好评，一句句祝福，都让我感到很幸福。

"我幸福，因为能得到家人的理解和支持。教师工作很忙很累，但妻子总是能够理解我的加班，女儿也理解我把一半的爱放到我的学生身上。能得到家人的支持，我的工作才得以顺利发展，有这样的家庭我感到很幸福！"

幸福处处存在，我们要学会体验幸福，也要不断创造幸福，幸福就会天天陪伴在我们的左右。幸福并不能依赖外在的环境获得，而要靠自己的内心感知。幸福不但表现了自己对世界的欣赏与赞美，也给周围的人带来了温暖和轻快。只有每个人都能感知幸福，才不会再挑剔生活。

每天清晨，他都会在她耳边问："老婆，想吃什么呢？"如果没有答案，他便在那里徘徊，像个不知所措的孩子，喃喃自语："买什么好呢？"那时，她便会蒙在被子里笑，幸福仿佛落英，从眼睛里飞出来，一片一片，招摇、肆无忌惮地飞，直到满眼满心的绯红。

不时地，他会为她做饭，看着他围着围裙在厨房里专心致志的样子，她每次都忍不住去抱抱他，甚至给他一个吻。

有时，她会故意要些小性子，让他着急。因为她知道他是从心底里爱自己，所以不会跟自己计较。看着他手足无措的样子，她心中满溢的是一阵温暖。

尽管那些点点滴滴的幸福很琐碎，但那正是她需要的，她能感受到每一件小事中暗藏的快乐。所以，在别人眼里，她总是灿烂而明媚的。

生命漫长，琐碎的幸福像花，一朵一朵地绽放。但是，这样琐碎的幸福极容易被我们忽略，就像一双温暖的手，摸久了，便不觉得它好。曾几何时，我们已经不懂感动，幸福成了手里的黄瓜，枕边的呼噜。

当对方的付出成了理所当然，一切就变成了循规蹈矩，生活也自然变得索然无味。当你睁大眼睛，甚至拿着放大镜寻找生活中的漏洞时，生活注定是千疮百孔的，失望在所难免。但当你将目光投向那些美好的事物，哪怕再小，也能给你带来幸福感。

幸福需要感知，感知身边那些被忽视的琐碎的幸福，的确是一种能力。

每天都过"感恩节"

问问自己：你有多久没有好好看看这蓝蓝的天，闻一闻这芬芳的花香，听一听那鸟儿的鸣唱？是不是因为一路风风雨雨，而忘了天边的彩虹？是不是因为行色匆匆，而忽视了沿路的风景？除了一颗疲惫的心、麻木的心，你还有一颗感恩的心吗？

其实，想不生气也很简单，只需学会感恩，感恩生活、感恩朋友、感恩大自然，每天都以一颗感恩的心去承接生活中的一切，快乐就会装满你的胸膛。

你可以不生气

杨丽菁和同事一起在教工食堂吃饭，买饭期间，同事要杨丽菁帮着看她们的包，她们去买饭。就在这时，杨丽菁看到一位女服务员满脸怨气地在自己旁边的餐桌上收拾着，当她皱着眉头过来，准备收拾杨丽菁餐桌上前面的人留下的餐具时，杨丽菁看着她，习惯性地说了一句："谢谢你！"

那位女服务员突然抬头看了杨丽菁一眼，满脸笑意地回答道："不用谢！"她很快便将杨丽菁的餐桌收拾得干干净净，然后就到其他的餐桌去打扫了。再看看她脸上的表情，原来满脸的怨气被灿烂的笑容所替代，杨丽菁的内心不禁暗暗高兴起来。因为她的一声感谢，其他的顾客可以感受到更多温馨的服务了。

很多时候，我们都忽视了去感谢，我们对自己所得到的一切感到理所当然。比如认为父母抚养我们是他们应尽的义务；老师向我们传道、授业、解惑是他们的职责；饭店里侍者为我们热情地服务是他们分内的工作；等等。我们正漠然麻木地对待着我们周围的奉献者，这是多么可怕的想法啊！

简简单单的一声"谢谢"，就足以让他内心充满温暖，足以代表你的真诚。让我们时刻怀着感恩的心，并让感恩成为一种习惯吧！

生活的每一天，都需要充满感恩，这样你就学会了宽容，学会了承接，学会了付出，学会了感动，懂得了回报。用微笑去对待每一天，用微笑去对待世界。

感恩节期间，有位先生垂头丧气地来到教堂，坐在牧师面前，他对牧师诉苦："都说感恩节要对上帝献上自己的感谢之心，如今我一无所有，失业已经大半年了，工作找了十多次，也没人用我，我没什么可感谢的了！"

牧师问他："你真的一无所有吗？其实你拥有的并不少，不过是你自己没感觉到而已。这样吧，我给你一张纸、一支笔，我现在问你几个问题，你要认真地做好记录。"

下面是这位先生记录的牧师与他之间的对话：

牧师问："你有太太吗？"

他回答："我有太太，她不因我的困苦而离开我，她还爱着我。相比之下，我的愧疚也更深了。"

牧师问："你有孩子吗？"

他回答："我有孩子，有5个可爱的孩子，虽然我不能让他们吃最好的，受最好的教育，但孩子们很争气。"

牧师问："你胃口好吗？"

他回答："嗬，我的胃口好极了，由于没什么钱，我不能最大限度地满足我的胃口，常常只吃七成饱。"

牧师问他："你睡眠好吗？"

他回答："睡眠？哈哈，我的睡眠棒极了，一碰到枕头就睡熟了。"

牧师问他："你有朋友吗？"

他回答："我有朋友，因为我失业了，他们不时地给予我帮助！而我无法回报他们。"

牧师问他："你的视力如何？"

他回答："我的视力好极了，我能够清晰地看见很远地方的物体。"

最后牧师说："现在请你总结一下吧，看看你都拥有什么。"

他说："是的。我有好太太，我有5个好孩子，我有好胃口，我有好睡眠，我有好朋友，我有好视力。"

牧师说："祝贺你！你是如此富有。你回去吧，记住要感恩！"

他回到家，默想刚才的对话，照照那久违的镜子："呀，我是多么凌乱，又是多么消沉！头发硬得像板刷，衣服也有些脏……"

后来他带着感恩的心，精神也振奋了不少。再后来，他找到了一份很好的工作，周末的时候有时一家人去郊游，有时和朋友聚会，生活得很幸福。

如果你因为没有房子、没有车子、没有票子而痛苦，你不妨想想幸运的事情，比如你有一个健全的身体，一位体贴的丈夫或者妻子，一个可爱的孩子，一份稳定的工作……难道这不足以让你为之自豪吗？

清晨，当你看到窗户外蓝蓝的天、绿绿的草、晶莹的露珠，你应该感恩上天又给予你美好的一天；入夜，繁星点点，月光展露着温柔的笑容，四周笼罩着夜的温馨，你应该感谢大地赋予的安宁。

生活的香醇，全在这点滴之中。学会感恩，为自己已有的而感恩，感谢生活对你馈赠。这样你才会有一个积极的人生观，一个健康的心态。

不要忽略，哪怕一朵栀子花的清香

我们经常会为生活中的一些小事生气不已，以至渐渐失去了感知幸福和快乐的能力。细细回味，生活中依然藏着许多感动，比如一个善意的眼神，一个赞赏的微笑，一双助人的大手……不管他是你的亲人，你的老师，还是一个陌生人，这些温馨的细节都值得我们仔细收藏，让心灵在这份美好中变得澄净。

灵曦长得不好看，甚至还有些丑陋——皮肤黝黑，脸庞宽大，一双小眼睛老像睁不开似的。她在班上的成绩也一般，字写得东倒西歪，像被狂风吹过的小草。再加上她寡言少语，更很少参加班里的娱乐活动，所以不管是同学还是老师，都极少关注到她。

她太过平常了，她坐在教室最后的那个位置，就像一个隐形人，守着那里，仿佛守住一小片天，那是一个被大家遗忘的角落。

那天上数学课，数学老师让学生们自习，自己则在课桌间不断地走动，以解答学生们的疑问。当数学老师走到最后一排时，突然闻到一阵甜甜的花香。老师把头扭向窗外，看见教室外面一排白玉兰开得正艳，一朵朵硕大的花，栖在枝上，白鸽似的。开始老师以为是白玉兰散发出来的花香，可是稍稍一低头，觉得这香不像是从外边飘进来的，分明就在身边，一阵一阵，固执地绕鼻不息。

于是老师四处张望了一下，忽然发现一朵凝脂一样的小白花，落在最后一排那个女孩的头发里面。走近一看，原来是栀子花。老师忍不住向她低下头去，笑道："好香的花！"

灵曦当时正在草稿纸上计算一道试题，草稿纸被一些公式画得乱七八糟。听到老师的话，灵曦一愣，抬头怔怔地望了望。当看到老师眼中一汪笑意时，她的脸红了，不好意思地抿了一下嘴。

在余下的自习时间里，灵曦坐得端端正正，认真做着试题。中间居然还主动举手问了老师一个她怎么都计算不出来的题。经过老师稍一点拨，她便恍然大悟。老师觉得，她是一个很有悟性的孩子。第二天，老师在教科书里发现了一朵栀子花，猜想是她送的。于是便往她座位上看去，她正盯着老师，满眼的笑意。老师对她笑着一颔首，以表感谢。

之后的一个月里，灵曦发生了翻天覆地的变化。她比以前活泼多了，爱唱爱跳，同学们也都喜欢上了她。她的成绩也大幅度提高，让所有教她的老师再不能忽视她了。老师们都惊讶地表示，看不出这孩子还挺有潜力的。

几年后，她出人意料地考上了一所重点大学。没多久，那位数学老师收到了灵曦寄给自己的一封信，上面有她写的这样一段话：老师，我有个愿望，想种一棵栀子树，让它开许多许多可爱的栀子花。然后，一朵一朵，送给喜欢它的人。那么这个世界，便会变得无比芳香。

是的，有时无须整座花园，只要一朵栀子花，一朵，就足以美丽整个人生。正是那些鼓励的话语、坚定的眼神、善意的微笑，给了你勇气，要学会感谢这些曾经给了你那么多感动和幸福感的人们，只需短短的一封信，这个世界，就会多一分爱的气息。

那么，如何养成感恩的习惯呢？以下是一些可行的方法。

每天清晨醒来时，想想那些爱自己、关心自己、帮助过自己的人，感谢今天又是新的一天。

一张小小的卡片、一封表达谢意的纸条或者发封邮件，别人也能体会到你的用心。

在适当的时候，给你深爱的人、与你共处很长时间的朋友或同事，一个小小的拥抱，感恩，尽在无言中。

一份小小的礼物，并不需要多么昂贵，也足以表达你的感恩之情了。

给家人意外惊喜。比方一顿美味的晚餐，特意做的小甜点，都会让你的亲人感到温暖。

列一份你感谢别人的理由的清单，十至五十条内容，表达你对他的感受,为什么喜欢他,或者他帮助了你哪些地方使你因此深怀感激,然后将这份清单交给他。

在一个公开的地方表达你对大家的感谢,比方说在博客上、在办公室里、在与朋友和家人交谈时。

不要忽略生活中的任何一点恩惠,哪怕是一朵栀子花的清香,都值得我们细细品味,心怀感恩。

对陌生人微笑,注视着他们的眼睛

用友善的目光和尊重的态度对待陌生人,也附上微笑和目光的接触,你会发现自己会发生一些美好的转变,随之而来的是一种由内而生的幸福感。

在美国,无论是在学校、商店,还是街头,迎面而来的陌生的美国人会礼貌地问候,或者微笑着冲你点点头,这是再正常不过的事了。

在美国,一般的朋友见面会说:"你今天怎么样?""你今天看起来真精神!"遇到熟悉一点儿的人会说"我喜欢你这件衣服"等。如果你去商店买东西,付款前,收银员会微笑着与你打招呼:"你好!今天过得怎么样?"付款后会对你说:"祝你愉快!"

美国的这种文化氛围,让人深切感受到美国人对生命的尊重以及对个体价值的肯定。简简单单的一个微笑,简简单单的一句问候,让人的心情一下子明亮起来。

当你把微笑送给一个陌生人的时候,你心中也会感到一阵愉悦。一句温馨的赞美、鼓励、祝福、问候，可以让人一整天都保持愉快的心情。

　　每天早晨，一位犹太传教士总是按时在一条乡间土路上散步。无论见到任何人，他总是会热情地向他们道一声"早安"。

　　有一个叫米勒的年轻农民，对传教士这声问候起初反应冷漠，因为在当时，当地的居民对传教士和犹太人的态度很不友好。面对年轻人米勒的冷漠，传教士的热情丝毫未减，每天早上他依然会给这个一脸冷漠的年轻人送上一个微笑，道一声早安。终于有一天，米勒脱下帽子，也向传教士道了一声："早安。"

　　好几年过去了，纳粹党上台执政。很长一段时间内，德国纳粹大肆屠杀被他们认为是劣质人种的犹太人。这一天，传教士与村中所有的人，被纳粹党集中起来，送往集中营。

　　传教士下了火车，正随着队列前行，看见不远处有一个手拿指挥棒的指挥官，在前面挥动着棒子，叫道："左，右。"被指向左边的是死路一条，被指向右边的则还有生还的机会。而那个指挥官竟然是当年那个年轻人米勒。

　　一会儿，传教士的名字被这位指挥官点到了，他走上前去。传教士无望地抬起头来，眼睛一下子和指挥官的眼睛相遇了。传教士习惯性地笑了笑，脱口而出："早安，米勒先生。"

　　米勒先生的表情看不出有什么变化，但仍禁不住应答了一句："早安。"声音低得只有他们两人才能听到。在这生死关头，这位年轻的德国纳粹军官将传教士指向了右边——生还者。

　　感动人心靠的未必都是慷慨的施舍、巨大的投入、雪中送炭的情谊。有的时候，一声热情的问候、一个甜蜜的微笑，都足以在人的心灵中洒下一片阳光。

千万不要低估了一句话、一个微笑的作用，它们很可能成为你开启幸福之门的钥匙，成为你走上柳暗花明之境的明灯。在我们的生活中，绝对不要吝啬一句问候、一个微笑。

生气时从一数到十

在你生气的时候，如果你要讲话，先从一数到十；假如你非常生气，那就先数到一百然后再讲话。因为发脾气的人比被发脾气的对象所受的损失更大。

一位作家记得小时候每次爸爸对自己发脾气时，总会大声从一数到十。小时候不知道爸爸为什么要这么做，后来长大了才知道，这是父亲用来镇定自己的策略，而且另一方面，这段时间还可以想一想接下来该怎么办。

等这位作家长大后，也学会了这个方法，每当有不顺心的事情发生的时候，每当自己特别生气的时候，都会先数数，努力不把情绪一下爆发出来。而且作家还对这个方法进行了改进。生气时，他会先长长、深深地吸一口气，同时大声对自己数一，然后在吐气时放松全身，数二的时候重复这个过程，就这样一直数到十。

呼吸和数数的组合让人放松，数完后，会觉得心灵似乎被净化了一遍，那些"气"也逐渐消失不见。作者认为这种方法会让人变得更心平气和，帮助人们把"大事化小"。

这个方法让人放松，对缓和情绪通常有很大的作用，对抗压力或挫折也同样有效。另外，在寂静的地方走上一会儿，让自己的愤怒冷却一下。但要注意不要再不断地思索引发愤怒的事情，那样就达不到平息愤怒的效果了。或者深深吸一口气，让自己的舌头在嘴里转两下，并在心中默念"不要发火，息怒，息怒"，然后把气慢慢地吐出来。至少要做三次，这能促使你的心情恢复平静。

情绪应该受到理智的约束，否则，就会给自己带来无穷无尽的麻烦，也会伤害到别人。愤怒是一种不良的情绪状态。古代素有"怒伤肝、喜伤心、忧伤肺、思伤脾、恐伤肾"的说法。发怒，完全是一种可以消除与避免的行为，只要好好地把握自己，你就可以让自己走出这一误区。

为什么那么多人会受制于自己的情绪呢？原因主要有三方面：一是不了解自己的情绪变化，二是不会控制自己的情绪，三是不体谅别人的情绪变化。

林则徐在家乡素有"神童""才子"之美誉，他4岁便读书习字，7岁就能写出好文章，13岁中举人，26岁高中进士。

不过林则徐小的时候脾气暴戾，于是他的父亲林宾日亲笔写下"制怒"二字悬于林则徐书房之上。后来，林则徐逐渐领悟到"制怒"二字的真谛，脾气逐渐转变，这两个字也成了他一生的警示。每到一处新的地方他总是把座右铭"制怒"悬挂起来。

只有"制怒"才能保持清醒的状态；只有冷静思考才能做出正确的判断、合理的把握。所以，无论何时何地遇到何事，你一定要保证情绪稳定，不可发作。

不顾一切、痛快淋漓地发泄心中的怒火，也许会让你的心情获得暂时的释放，但你很快就会受到更大的惩罚，因为你一时冲动做出的决定往往是错误的。所以，控制你的愤怒情绪，不要让冲动惩罚你以及你身边的人。

控制自己的情绪是不容易的，但也是十分重要的，平和待人自己也健康，应该时刻提醒自己要制怒。

别为偶尔的批评抓狂

有些人受不了别人对自己的批评，哪怕是最微小的一个批评、纠正或指责，甚至是建议，都会令其生气不已，甚至因此做出十分过激的反应。其实我们完全可以用平常心来对待这些批评，心平气和地聆听，即便对方说得有些偏颇，我们也可以用更冷静的方式去应对。任何时候，生气抓狂只会让事情变得更加糟糕。

米开朗琪罗是意大利著名的雕塑家。一次，佛罗伦萨市政长官向他发出热情的邀请，希望他能来佛罗伦萨把一块巨大的大理石雕成一座栩栩如生的人像。

于是米开朗琪罗风尘仆仆地赶到佛罗伦萨，开始紧张的雕刻工作。两年后，一座战士塑像终于矗立在佛罗伦萨市政广场上。

这件艺术精品揭幕那天，参观者都对它的宏伟赞不绝口。市政长官也来了，他装模作样地左瞧瞧右看看，仔仔细细地端详再三，然后摇摇头。米开朗琪罗问道："有哪里不合适吗？""米开朗琪罗先生，那鼻子太低了。"市政长官装作很专业的样子说。

米开朗琪罗明白，对艺术一窍不通的市政长官故意在鸡蛋里挑骨头。但是他谦逊地笑笑，站在雕像前端详了一番，大声说："是啊！鼻子好像是有些不合适。不过不要紧，我立刻改变他的形象，保证让您满意。"

说完，米开朗琪罗沿着脚手架爬上了雕像，在雕像的鼻子上忙碌，大理石粉纷纷扑簌簌地落下来。

过了好一会儿，米开朗琪罗爬下架子，拍拍双掌，石粉末随风飘落。然后他恭敬地向市政长官说："您看看，现在行吗？"市政长官围着石像重新审视一遍，高兴地大声称赞："嗯，行，照我说的改了以后，这雕像好看多啦。"

市政长官走后，米开朗琪罗去洗了洗手。其实他根本没有改动雕像的鼻子，不过是趁市政长官不注意时偷偷抓了一把大理石粉，故意在雕像的鼻子上揉来揉去，假装"修改"的样子。

必要的时候，顺从对方的意志，但又不丧失自己的原则，这样既避免了惹怒对方，也让自己的意见得以保留。在批评面前，我们要控制好自己的情绪，采用更为积极的策略去对待它。

年轻时候的柏拉图已经非常有成就了，一个朋友有次送了他一把精致的椅子，以表示自己对柏拉图的肯定。不久之后，柏拉图邀请了一群人到家中做客，大家看到了那把漂亮的椅子，纷纷询问它的来历。知道了之后，大家也都纷纷对柏拉图表示赞赏。突然，其中一个人站上了那把椅子，疯狂地乱踩乱跳，嘴里还念念有词道："这把椅子代表着柏拉图心中的骄傲与虚荣，我要把他的虚荣给踩烂！"

这一举动让在场的人，包括柏拉图在内都吓了一跳！但随后柏拉图做了一个平静的举动，只见他不疾不徐地回房里拿出了块抹布，把那把已经被踩得脏兮兮的椅子擦拭干净。之后还请那位踩椅子的朋友坐下，不紧不慢地用诙谐并颇具深意的语气说道："谢谢你帮我踩碎我心中的虚荣，现在我也帮你擦去你心中的嫉妒。这会儿，您可以心平气和地坐下和大家喝茶、聊天吗？"

比起恶语相向，优雅得体的反击更加能让人感受到它的力度。对于那些不合理的批评，我们何必大动肝火，保持一个清醒的头脑，理智采取策略对待批评不是更好？

当然，没有人是完美无缺的，所以每个人都可能会遇到别人给予我们的建议以及批评。当遇到批评时，我们可以试着采取以下方法以更好地接受批评。

第一，平复自己的心情，耐心倾听批评者在说些什么，了解他们想要表达的观点，不要一边点头，一边准备反驳。

第二，一定不要事先在心理上筑起一道防护墙，而要有勇于接受任何批评的心态。深吸一口气，提醒自己，"我欢迎批评""我渴望听一些改进的意见""这个人在帮助我"。

第三，不要反唇相讥，因为这更容易激起"战争"。你的话只会让对方觉得你是在试图反驳，而且这将会让"交火"升级。这样的冲动很难抵制，因为攻击对方的冲动在你受到批评时是很强烈的，但这对解决问题并没有帮助，也肯定是没有效果的。

第四，试着缓和情绪，如深呼吸、在心里数数、隔一晚等到第二天再发出那封电子邮件等。

第五，承认自己的错误，拥抱批评。这是极为有效的接受批评的方法。事实上，尝试新事物、眼光过高都会让你更容易被批评。换个角度去想这个事情，对自己说要享受失败的美好，这样你就会感到更加快乐。

多一点耐性更顺心

很多人做事总是性急，总是不能平心静气地做完它，可是做事越没有耐心你就会变得越烦躁，不如将那些浮躁的东西从你心中拿走，静下心来，认认真真地着手做好每一件事。因为就算再烦，再没有耐性，事情也不会自己消失，与其抱着烦躁的心情去做事，不如以愉快的心情去接受。怀着这样的心情去做事，事情就会变成一种享受。急于求成，什么事也办不好。

有一个小和尚，他的工作就是每天早上清扫寺庙院子里的落叶。这不是一件轻松的事，小和尚每天早上都要花费许多时间才能清扫完树叶，尤其在秋冬之际，每一次起风时，树叶总会随风飘落。这让小和尚头痛不已，他越来越没有耐心，一直想要找个好办法让自己轻松些。

后来有一天，一个和尚跟他说："你可以在每天打扫落叶之前，先用力摇树，把落叶统统摇下来，那第二天就不用辛苦地扫落叶了。"

小和尚听后觉得这个提议不错，于是第二天他就照着这个方法做了。他起了个大早，猛烈地摇树，心想：这下今天跟明天的落叶就能一次扫干净了。

可第二天，小和尚到院子一看，不禁傻眼了。院子里的落叶根本没有减少，还是和平常一样多。这时老和尚走了过来，意味深长地对小和尚说："傻孩子，不管你今天怎么用力，落叶明天一样还是会飘下来啊！"

在生活中，许多人都和小和尚一样，因为没有耐心，所以企图把事情一次解决掉。而实际上，很多事是无法提前完成的。过早地为将来担忧，只会让自己活得更累，也剥夺了本该属于自己的快乐。

一直都很匆忙，不论是吃饭、走路、睡觉、娱乐，总是没什么耐性，总是急着赶赴下一个目标，觉得还有更伟大的志向正等着你去完成，不能把多余的时间浪费在"现在"这些事情上面。可是越是心急，事情就越办不好，心情也会因焦躁而变得糟糕。所以，请多些耐性，平心静气地去做每一件事。

第六章 ▷

抱怨不如改变，生气不如争气

生气就是跟自己过不去，只会怨天尤人，你注定无法成为快乐的人；而争气就不同了，它会使人充满斗志，积极地改变现状，摆正自己的心态、平心静气、积极上进，使自己做得更好，赢得别人的喝彩。

你抱怨的事真那么严重吗

哀伤、生气、不满都是我们可能会出现的情绪，不过当你下次遇到事情想抱怨的时候，就先问问自己，"这件事有没有像几年前所发生的事一样严重""这件事是否真的值得抱怨那么久"，仔细分析一番后，你也许就能掌握好抱怨的尺度，不那么轻易抱怨了。

威尔的家正位于马路的急拐弯处，人们驾车通过这里一般会放慢速度，驶过弯道两百码之后，市区道路就变成高速公路。因此，若非有这个拐弯处，威尔的家就会变成非常危险的地方。

一天，威尔正在备课。忽然间，砰的一声巨响传来，紧接着是威尔养的金毛犬的尖叫声。威尔慌慌张张地跑出家门，发现金毛犬被车撞了，正躺在路边动弹不得，旁边有一摊血。

金毛犬试图用前腿站起来，但后脚似乎帮不上忙，它的号叫充满了痛苦。妻子叫着它的名字，眼泪止不住地从脸颊流下来。

"怎么会有人做出这种事""太缺德了""竟然还开车跑了"，邻居们纷纷指责道。威尔想："他才刚驶过弯道……他当然会看到狗……他当然知道发生了什么事！不行，我一定要去找那个撞伤狗的人当面算账。"

愤怒的威尔跳上车子冲出停车道，沿路飙到时速六十、七十五、八十三英里（1英里=1.609344千米），他终于追上了那位撞伤了金毛犬的司机。

威尔跳下车冲他嚷道："你撞到我的狗了！"没想到那人竟一副满

不在乎的样子，说道："我知道我撞了你的狗……不过你想怎样？"

"什么？你说什么？"威尔火冒三丈。那人竟然微笑着，又字正腔圆、慢条斯理地说了一次："我知道我撞到你的狗了……你现在究竟想怎样？"

威尔再也无法控制自己的情绪了，那一刻，他只想揍死这个人，才不管自己会不会坐牢。威尔大喊："把手举起来。""什么？""我说把手举起来，混蛋……我要宰了你！"

那个人带着嘲笑的语气说："我不跟你打。这位先生，你如果打我，那就是伤害罪。"威尔举起手臂，紧握着拳头，目瞪口呆地站在那里。只见那人转身慢慢走开，剩下威尔一个人站在那里气得发抖。

后来，威尔和家人将金毛犬送到医院，兽医用针筒结束了它的痛苦。接下来那几天，威尔脑海中总是浮现出那人满不在乎的笑容，还有那句"不过你想怎样"。一连三个晚上，威尔都难以入眠，那晚，他起身开始写日记。在宣泄了近一小时哀伤、痛苦和不满的怨言之后，威尔最终写下了令人讶异的字句："伤害者自己也是受伤的人。"

"可以这样轻易地伤害一个家庭所珍爱的宠物，一定不像我们一样了解同伴动物的爱；可以在年幼的孩子泪眼汪汪时驱车离开，就不可能知道小朋友的爱；不能为刺伤一家人的心而道歉，他自己的心一定也被刺伤过很多很多次。这个人才是这个事件中真正的受害者。没有错，他表现得跟坏蛋一样，但这是源于他内心的深切苦痛。"

此后，每当威尔想起那人给自己的一家所造成的痛苦时，威尔就想自己感悟出的那些话，心情也就慢慢平静了。

在你的人生中，也一定会经历各种困难和打击，抱怨会有，但一定要了解这件事值不值得抱怨那么久，值不值得为它好几个晚上都睡不着觉。

要做一个快乐的人，要掌控自己的思想，按照自己的规划过生活，你就需要对无止境的抱怨设一道防线，不让它侵蚀你的内心。

与其诅咒黑暗，何不点亮蜡烛

人们常常会忽略一个简单而又可靠的解决问题的方法，即在遇到问题的时候，不是在那儿抱怨事情的不顺，而是朝解决问题的方向前进哪怕是一小步。当我们为他人的冷漠而生气时，不如点亮蜡烛，照亮、温暖他人。

莎拉是一位热心助人的公务员，在工作中，她动作敏捷，办事效率高，举止友善，话语礼貌周到，而且面带笑容，让每一个客户都满意离去。

一位新来的员工忍不住向她请教把工作做得这么好的秘诀是什么，她说："以前，我总是用一句'这不是我们部门的事'将排队的人支开，但事实上，这其中至少有一半的时候，我知道问题的答案，而且知道如何才能更有效地解决问题。久而久之，排队的人不是很不满意我，就是讨厌我的官僚作风。有一天，我突然觉得自己这种态度很讨厌，决定要做一些改变。那以后，我会尽量想办法帮助别人，而不是将他们赶走。站在他们的角度，竭尽所能地帮助他们解决问题，所有的事情都改变了，大多数人对我都心怀感激，我对自己也更满意，我的工作更是充满了乐趣。"

许多人很容易花大量时间与精力去抱怨事情在处理时遇到的困

难、经济问题、负面的人性、环境的恶劣等。但这解决不了任何问题，埋怨问题的发生或是过度地自怨自艾，都只会增加你的压力，让你更难处理那些干扰你的事情。盯住问题，你只会看到诸多的缺点，这时就更容易丧失勇气，而且有被打败的感觉。

只要你能在黑暗中点亮一根蜡烛，就不只能克服困难，这个策略所强调的是如何找出解决问题的方案，而非一味地诅咒问题的产生。

有一位女性做的是速记员的工作，在很多人看来，这种整日填写表格、整理统计资料的工作实在是枯燥至极。这位女性开始也这么认为，但她后来找到了兴趣点——和自己比赛。她每天会先计算自己早上填写了多少表格，下午再努力超过这一数目，第二天再想办法做得更好。

最后，她比别的速记员做得都快，得到了老板的嘉奖。但这并不是令她感到最快乐的，最快乐的是她不再觉得工作是煎熬了，她发现了工作中的乐趣，再也不会因厌烦工作而产生疲劳感。

要在黑暗中点燃一根蜡烛，不就是这么容易的一件事吗？以外界的"不顺"作为自己心情不好的借口，是典型的消极悲观主义。如果你一直让消极的心态占据心灵，那么就算让你中了 500 万的彩票，你也会忧心忡忡，思前想后。因为你害怕中奖之后，有人会觊觎你的钱财，进而对你采取不利的行动。所以说，事情的好坏并非全都由事情本身决定，而是由你选择面对事情的态度决定。

有位得道高僧，他本身并不识字。有人嘲讽他："你都不识字，哪里配做高僧？"当时正是夜晚，高僧把这个人带到庭院里，用手指向挂在夜空的一轮明月，问那个人："顺着我手指的方向，你看到明月了吗？""看到了。"对方回答道。高僧把手放下来："好，现在我没有指向明月，你看到了吗？""看到了。"高僧笑了："所以，明月从来都在，就像我们所拥有的智慧一样。你可以借用我的手看到明月，也可以自己看到明月。"

其实烛光就在每个人的心里，它一直都在，只是有时候没有人指点，我们便找寻不到。当遭遇悲伤的事情的时候，如果我们能够换个角度，及时转换心情，即便是在黑云压日、雷声滚滚的恶劣天气里，也一样能拥有阳光般的明媚心情。

很多人在置身悲伤的时候，并不是不知道心情不可以改变，而是不知道怎么改变而已，很多时候，同一件事换一个角度去看，心情就会因此而不同。

世间的诸多事情，都像黑夜必将会来临一样，是我们所不能控制的，但是，我们可以成为自己心情的主宰者，不让它受一切客观因素的影响。记住，无论在任何时候，只要为自己点亮希望的蜡烛，就一定能得到战胜一切的力量，走向光明的未来，挣脱抱怨的束缚。生活中要善于把烦恼抛在脑后，如果你实在想抱怨，那就把那些抱怨的话写下来，然后把那些烦恼你的事情一项项画掉，或是将纸撕掉、烧毁，相信你的心会在一定程度上变得开朗些。不管烦恼是怎么产生的，我们都必须合理地处理，及时摆脱烦恼带给我们的负面影响。

有一位心理学家为了做一项改造心理的试验而和船员们一起出海。当船航行了很多天以后，海上枯燥的日子逐渐让船员们一个个都郁郁寡欢，船员们开始抱怨。当心理学家看到他们变得心浮气躁后，就建议他们到船尾去，面对船后波涛滚滚的海水，吐出自己心中一切的不满，让这些不满随着海水一起被带走。

当那些心浮气躁的船员照做之后，果然都觉得自己的心情舒畅了许多。他们告诉这个心理学家，那些从自己口中吐出的烦心事，似乎真的落入了水中，随着海水离自己越来越远，直至消失不见。于是，忽然觉得自己的心情豁然开朗，不再抱怨了。

面对抱怨，我们应该找一个合适的方式，将抱怨发泄出来，发泄完了，心情也就轻松了。把抱怨写在纸上，撕掉或者烧掉，都是行之有效的方法。当然，你还可以有很多排遣烦恼的方法，比如向亲人倾诉，找朋友一起解决问题，也可以找个没人的地方去大喊一吐为快。

心理学研究表明，当人心情不好的时候，健康状况会明显下降，个人的反应能力会降低，做事的效率和效果都会下降很多。所以我们要经常洗涤心灵，时刻整理、清除心中那些坏情绪，这样才能轻松上阵，过好每一天。

柳青是一家网络公司的职员，她待人一向温和，脸上总是带着笑意，可是由于最近工作压力加大，她变得烦躁易怒，对同事和丈夫都失去了耐心，内心焦虑，动辄发火。后来，她静下心来发现自己的这种不良情绪来自她对自己工作中一个失误的担心，尽管经理告知她不用担心，但她心里仍感到隐隐不安。

于是，柳青周末时将内心的这些焦虑用语言明确地表达了出来，还把自己烦恼的根源和担心发生的事情写在了一张纸上，最后她发现，事情并没有那她想象的那么糟糕。了解到了自己不良情绪的来源后，她便开始集中精力对付它们，而且一步步克服了那些担忧。她把更多的精力放在了工作上，结果，她不仅消除了内心的焦虑，还由于工作出色而被委以重任。

一个人不经历一些情绪的波动是不可能的，但是如果总是要背着沉重的情绪和包袱过一种焦躁、愤懑的生活，不仅对自己无益，还会白白浪费眼前的大好时光，甚至影响到自己的前途和未来。试想，如果你把所有的注意力都放在烦恼和抱怨上，而不是去想办法解决，怎么可能会有快乐的心情和成功的机会呢？找一个合适的方法，把自己遇到的烦琐事情轻松处理掉吧。只有彻底抛却烦恼，舒缓紧绷的心情，我们才可以更好地面对生活。

提防那些跟着你一起抱怨的朋友

人遇到问题的时候喜欢向亲朋好友诉苦，总希望从别人口中找到一丝安慰。倾诉没有错，但那些不帮你开解坏情绪，只知道跟着你一起抱怨生气的朋友，只会让你对人生抱着更加灰暗的态度。这样的倾诉只会加重你的悲观情绪，你会受到朋友负面因素的影响。

人们的情绪就是这么容易受到外来因素的影响。比如，我们习惯于接受外界的信息暗示，假若信息是积极的，那自是一件好事；反之，如果信息是消极的，那我们就会感到情绪低落或者焦虑不安。消极的暗示是很危险的，在这种时候，我们要努力地看清自己，以避免成为别人言论中的"牺牲品"。

戈利亚发现每过一段时间自己都会有一阵情绪处于低潮的时候，在那段时间里，他会有负面、不安与悲观的想法。觉得生活无趣，做任何事都提不起精神，甚至会觉得朋友都在跟他作对，所有的人都不喜欢他，都看他不顺眼，他命中注定要失败。

情绪低落时他觉得自己是个失败者，这感觉糟透了。一次，戈利亚的情绪低落期又一次袭击了他，这次他找到了一个朋友，他向朋友倾诉自己种种悲观的想法。朋友一边听着，还一边不时地附和，甚至表现出比戈利亚更消极的情绪。本以为说出来后心中会好受一些，没想到戈利亚变得更加易怒、烦躁不安。

后来戈利亚去看心理医生，他了解到，每个人其实都有一定的情绪低潮期——这一点也不稀奇。然而，他从医生那里得知：这样的感觉与思想只是暂时的，就连最糟的想法，在度过这段时期后也会自动消失不见。

这段时期过去后，所有事情的面目都会变得不同，不再充满敌意，也不再可怕。而在情绪低潮时，就连最美好的事物看上去都会变成灰色，比原本的还要惨。当他了解到这些时，他笑了。譬如星期一时他会恨这个世界，但是到了星期二，一切又都好转了。他很聪明地开始想：为什么他要一直被这种"低潮"的假象所欺骗？何况这样的假象还是一直在变化着的！

"一切都是假象！"戈利亚在情绪糟糕的时候就这样提醒自己，"这不过是暂时性的'情绪感冒'。"不久后他发现了规律，一个月差不多会有一两次这样的感觉。现在他已经很清楚，就算他觉得每个人都恨他，他的世界要毁灭了，那也不过是因为他的情绪不好而已。

还有，他不会再在情绪低潮的时候向朋友诉苦了，那没用，只会让情绪变得更加糟糕。反正过不了几天坏情绪就会过去，如果碰上一个更为消极的朋友，这种坏情绪说不定还会延长。他会等坏情绪过去后，再去面对别人，而不要像以前一样在情绪最糟时与人起冲突。

后来戈利亚发现，当他了解到这一切的时候，他不会给自己找麻烦，让那些坏情绪影响到他的生活，而是接受它们，静静等待它们的离去，不让它们惹出什么麻烦。

当你也了解到坏情绪不过是一场"感冒"的时候，你一定能够接受事实真相——每个人都有情绪低潮的时候，这时候你不需要为此做些什么特别的事，也没有必要把这些坏情绪倾吐给别人，一方面这也许会给别人造成心理负担，而且，别人的负面情绪会把你带入更深的黑暗之中。

当我们情绪不好时，就如同患了感冒。一方面，我们应该像患感冒时一样，懂得跟人保持距离，不要传染给别人，不让他们分担所有出现在自己心中的思虑、不安与负面的想法。

另一方面，感冒时抵抗力很低，同样情绪不好时更容易受到外界信息的影响，别人的一个表情、一句话都会引起我们情绪上的波动。因此我们要避免被外界的信息所奴役，尤其是不要被那些消极的情绪影响，这就需要和那些跟着我们一起抱怨的朋友保持距离。

光发牢骚不行，请提出建议

常会听到有人说："我压力太大了，我快崩溃了，我受不了了。"发牢骚每个人都会的，可光发牢骚是不行的，牢骚只会越发越烦躁、越沮丧，提出建议才是解决之道。有时不是真的压力过大，或者事情难以解决，而是我们没有很好地控制压力，提出实用的建议。

宁俊辰所在的行业发展变化比较快，经常有新的东西出现。为了跟上市场的变化，宁俊辰经常逼迫自己处于紧张的学习状态之中。除此之外，每天10小时以上的工作，常常把宁俊辰压得透不过气来。经常做梦都是公司的事情，工作的巨大压力让宁俊辰感到越来越力不从心。

一开始宁俊辰会跟自己的妻子、朋友发牢骚，没想到这样不仅没有缓解压力，反而让自己更加没有心情工作。巨大的压力迫使宁俊辰必须有所改变，思路决定出路，宁俊辰开始寻找解决之道。他给自己定下了这么一个计划：

（1）每天做工作记录，记录下当天遇到的问题、遇到的人，处理问题的心得。到月底做回顾和总结，将遇到的问题归类，将遇到的人归类，对处理问题的方法进行分析和总结。只要放下笔，就不再去想工作的事，脑子中思考的事情少了，精神压力会减轻许多。

（2）每周周末抽出三个小时作为固定的学习时间，了解、学习行业内的最新状况和发展趋势。不贪多，只要坚持下去就行。

（3）坚决不带工作回家，不成为工作的奴隶。自己的压力就产生于残酷的竞争和快节奏的生活，如果再让工作占据私人的生活空间，总有一天会崩溃。

（4）不强迫自己一定要达到某个高难度的目标。有时是自己给自己增添压力，事事追求完美只会累得气喘吁吁。灵活地根据自己当时的状态、空闲时间、地点等条件，选择最合适且最有价值的事情做，不要给自己施加压力。

（5）抽空做自己喜欢的事。如听听音乐、看看书、玩玩游戏。

计划列好了，宁俊辰也松了一口气。这样下来，既不会压力缠身，又不至于落后于他人，变被动学习为主动学习，领先一步，这样面对问题时处理起来就会感觉轻松许多。宁俊辰坚持按照计划行事，一段时间后不仅学到了更多的新知识，更总结出了许多解决问题的技巧。老板的表扬让他有了小小的成就感，自己的工作状态比起以前也多了几分轻松感。

在这个竞争日益激烈的时代，产生大量压力是必然的，不想靠发牢骚来解决问题，就要认真分析压力的真正来源，然后找到适合自己的解决方法，把坏情绪一扫而空。

安丽娜是一位白领，学历高、工作能力强，但却没有男朋友。每天一下班她就会觉得特别无聊，和朋友K歌、泡酒吧、吃消夜，暂时能让她忘记自己的孤独，但回家后，看着一个人住的空荡荡的房子，安丽娜又陷入了消极的情绪，甚至经常在夜里哭泣。

安丽娜有时会在半夜打电话给朋友诉苦，但有过几次后，就连自己都开始讨厌向朋友发牢骚的自己。她去求助心理医生："我该做些什么呢？我不知道怎样生活，我感到生活太没意义了。"

心理医生对她说："你一个人生活感到孤独是正常的。你应该往好的方面想，学会从生活中找乐子，让自己的生活充实起来。"

她绝望地说道："可我尝试过，却还是觉得生活太平淡。"

"你的生活环境是很不错的，无论如何，你可以重新建立自己的新生活，结交新的朋友，培养新的兴趣，千万不要无所事事。你可以试着给自己提出些建议，安排自己的业余生活。"

医生的引导让安丽娜认真思考着自己可以做些什么，回到家后，她就给自己列出了丰富业余生活的几项选择。第二天，她就为自己报了一个瑜伽班，不久她又参加了一个音乐俱乐部。为了结交一些新朋友，她偶尔还会去参加一些联谊活动。慢慢地，安丽娜的生活发生了大变化，她每天都有事做，生活变得充实了，也不再抱怨和发牢骚了。

当一个人背负了巨大的灰色情绪，只会如同蜗牛行走，走得慢、看不到成效不说，还会焦虑不安，提不起精神。不要只发牢骚了，着手做些实在的事情，为自己提出些建议，这样我们的生活会变得丰富多彩。

无法改变事实时就改变自己

改变周围的环境，想必是很多人都有过的梦想。比如，我们会因为周围的卫生环境太差而生气，但是看到遍地的垃圾，自己也会把手里的废纸随手一丢，还会安慰自己说反正已经脏成这样了，也不多一张废纸。也许，大多数人都和你抱着同样的想法。如果我们每个人都从改变自己开始，卫生环境不就改观了吗？同样，面对整个世界，作为个人，我们是无力改变的，但是我们可以改变自己。当你改变了自己，你眼中的世界自然也就跟着改变了。所以，如果你希望看到世界改变，那么第一个必须改变的就是自己。

在英国威斯敏斯特教堂的地下室，主教的墓碑上写着这样的一段话：

当我年轻的时候，我的想象力没有受到任何限制，我梦想改变整个世界。

当我渐渐成熟明智的时候，我发现这个世界是不可能改变的，于是我将目光放得短浅了一些，那就只改变我的国家吧！但是这也似乎很难。

当我到了迟暮之年，抱着最后一丝希望，我决定只改变我的家庭、我亲近的人——但是，唉！他们根本不接受改变。

现在在我临终之际，我才突然意识到：如果起初我只改变自己，接着我就可以改变我的家人。然后，在他们的激发和鼓励下，我也许就能改变我的国家。再接下来，谁知道呢，或许我连整个世界都可以改变。

当我们没有能力去改变环境的时候，尤其是环境不利于我们的时候，就改变自己，这是一种智慧、一种策略。

那时辛蒂还在念医科大学，一次她到山上散步，带回一些蚜虫。她拿起杀虫剂为蚜虫去除化学污染，没想到身体突然一阵痉挛，刚开始辛蒂并没有在意，以为那只是暂时性的症状，不曾想到自己的后半生从此变为一场噩梦。

后来检查发现，辛蒂的免疫系统遭到这种杀虫剂内所含的某种化学物质的破坏，从那之后她对香水、洗发水以及日常生活中接触的一切化学物质一律过敏，连空气也可能使她的支气管发炎。这种病被称为"多重化学物质过敏症"，是一种奇怪的慢性病。

患病后，辛蒂一直流口水，尿液变成绿色，连汗水都有毒，背部因为汗水的侵蚀形成了一块块疤痕。她甚至不能睡在经过防火处理的床垫上，否则就会引发心悸和四肢抽搐——辛蒂所承受的痛苦是令人难以想象的。

为了缓解辛蒂的痛苦，她的丈夫吉姆用钢和玻璃为她在美国艾奥瓦州的一座山丘上，盖了一所无毒房间，一个足以逃避所有威胁的"世外桃源"。辛蒂需要依靠人工灌注的氧气生存，并只能通过传真与外界联络。辛蒂只能吃、喝那些不含任何化学成分的食品，所有东西都必须经过处理，平时只能喝蒸馏水。

不能出去，辛蒂无法享受正常人所享受的一切。她饱尝孤独之苦，更可怕的是，无论怎样难受，她都不能哭泣，因为她的眼泪跟汗液一样也含有毒的物质。

但辛蒂是坚强的，她并没有在痛苦中自暴自弃，她一直在为自己，同时更为所有化学污染物的牺牲者争取权益。为了给那些致力于此类病症研究的人士提供一个窗口，辛蒂生病后的第二年就创立了"环境接触研究网"。后来辛蒂又与另一组织合作，创建了"化学物质伤害资讯网"，保证人们免受威胁。

其实，辛蒂也曾悲伤、痛不欲生过，但随着时间的推移，她渐渐改变了生活的态度，她说："在这寂静的世界里，我感到很充实。因为我不能流泪，所以我选择了微笑。"

不能改变环境，那就改变自己，就像你不能让外面的雨停止，那就带上伞出门，或者发现前面的路因为某种原因被封了，那就绕道走，有什么关系呢？改变自己才是最明智的选择！

适时咽下一口气

每个人都会遭受不公平的待遇，这对我们的心理承受能力是一种考验。如果我们选择咽下一口气，用平和的心境去面对，那么我们不仅不会因此而生气，还会收获很多。只有懂得适时咽下一口气的人，才能拥有一颗宽容的心，一个从容的人生。

有一位年轻人毕业后被分配到一个海上油田钻井队工作。在油田工作的第一天，领班要求他在规定的时间内登上几十米高的钻井架，把一个漂亮的盒子交给在井架顶层的主管。年轻人抱着盒子，快速登上狭窄的舷梯，当他满头大汗地登上顶层，把盒子顺利交给主管时，主管只在盒子上挥笔签上自己的大名，便吩咐他送回去。

于是，他又快速按原路返回，把盒子交给领班，领班同样也是挥笔在盒子上签下自己的名字，让他再次将盒子送给主管。就这样，年轻人来来回回一共送了三次，刚开始他都极力克制着自己。当他第四次爬到顶层把盒子交给主管时，主管慢条斯理地说："请你打开盒子。"年轻人打开盒子——两个玻璃罐：一罐是咖啡，另一罐是咖啡伴侣。年轻人对主管怒目而视。主管接着说："把咖啡冲上。"此时，年轻人再也无法忍受了，"啪"的一声把盒子重重地砸在地上，说："我不干了。"看看扔在地上的盒子，年轻人感到痛快极了，之前的愤怒终于发泄了出来。

这时，主管对他说："你现在可以走了。在你走之前，我想告诉你，刚才让你做的这些叫作'承受极限训练'，因为海上作业时危险随时会发生，所以队员们需要有极强的承受力，只有这样才能适应海上作业这项工作。很可惜，前面三次你都通过了，但是最后只差一步，你没有喝到亲手为自己冲的甜咖啡，走吧。"

其实很多时候，成功离我们只有一步之遥，迈过去，迎接我们的就是光明的未来。往往许多人在忍耐了前面诸多磨炼之后，却在最后一关的考验中败下阵来，没有学会适时地咽下这口气，没有坚持到终点，没有忍耐到最后一刻，成功就因为这一时愤怒的爆发而远去。

韩信很小的时候就失去了父母，主要靠钓鱼换钱维持生活，日子过得极为艰辛，屡屡遭到周围人的歧视和欺凌。

一次，一群好事少年当众羞辱韩信。有一个屠夫对韩信说："你虽然身材高大，喜欢带刀佩剑，但是你的胆子很小。有胆量的话，拿你的剑来刺我吧？如果不敢，就从我的裤裆下钻过去。"韩信自知身单力薄，硬拼肯定吃亏。于是，当着许多围观者的面，韩信从那个屠夫的裤裆下钻了过去。不过韩信并没有因为这次的受辱而一蹶不振，反而立志要成就一番事业。果然，后来韩信靠着自己过人的胆识和忍耐力，成为汉初杰出的将领，在陔下大败项羽，被后人看作名动古今的大军事家。

逆境是你前行道路中的荆棘与沼泽，但也是你人生道路中必须经历和承受的。如果你不甘于命运的摆布，首先必须学会的就是忍耐！忍耐并不是逆来顺受，也不是消极颓废，而是意志的磨炼，是爆发力的积蓄。忍耐是过程而绝不是结果。忍耐是一种境界，是一种洒脱的胸怀。

忍耐，大多数时候是痛苦的，因为忍耐压抑了人性。但成功往往就是在你忍耐了常人所无法承受的痛苦之后，才会出现在你面前。

第七章 ▷

打开烦恼心结，有一种
快乐叫放下

生命如一叶扁舟，如果负载太多，注定无法远行，该放下的就要放下，只有这样才能轻松到达目的地，也才有时间和心情去享受生活的美好。

松开的手比紧握的手拥有更多

一个很简单的问题：一杯已经装满水的杯子还能装得进水吗？肯定不行。其实人心也是，当你紧抓着自己所重视、在乎的很多东西以及曾经的辉煌不放时，你就很难再接纳新的东西。只有将心中的水倒空，忘记过去，才能拥有轻松的心情。

不知道你有没有听说过一种叫蜘蛛猴的动物。研究人员在蜘蛛猴身上发现了一种特别有趣的现象，那就是把一粒花生放进一个瓶子里，当蜘蛛猴发现时，它便会毫不犹豫地把手伸进瓶子里去拿那粒花生。这时候当你再放一大袋花生在它面前，它仍然不会放下那瓶子里的一粒花生。蜘蛛猴大概没有意识到，如果它肯放开紧紧抓住花生的手，那么它就可以得到旁边的一大袋花生。其实很多时候我们就是那只蜘蛛猴，只知道握紧双手，而不懂得松开双手，所以不能获得更多。

有一个婆罗门一手拿一个花瓶来到佛陀门前，以求取解脱之道。刚一进门就听佛陀对婆罗门说道："放下！"于是婆罗门把他左手拿的那个花瓶放下。接着佛陀又说了声："放下！"婆罗门又把他右手拿的那个花瓶放下。

然而，佛陀还是继续对他说道："放下！"这时婆罗门感到莫名其妙，说："我已经两手空空了，还有什么要放下的呢，请问现在你要我放下什么？"

佛陀说："我并不是叫你放下你手中的花瓶，而是要你放下你的六尘、六根和六识。如果你把这些身外之物统统都放下，你的内心就再也不会被束缚，你便能够从生死桎梏中解脱出来。"

此时婆罗门才懂得佛陀不停让他放下的真正含义。

往往人们只舍得放下一些表面的东西，殊不知只有当我们放下欲望时，我们才能获得内心的安宁。过重的负担压在心上，只会扰乱自己，使得我们的生活过得异常辛苦。

不妨问问自己：失去的感情，我放下了吗？心中积累的怨恨，我放下了吗？对某些过于执着的追求，我放下了吗？如果不能将它们彻底放下，我们就可能一步步沦为它们的奴隶；如果能够放下，我们就赢得了最大的超脱和心灵解放！

在面对一些人、一些事时，我们仍然需要做到放手，而不是一味地抓住某些瑕疵无限地将它们扩大。

舒马赫是历史上很多人公认的 F1 最伟大的赛车手之一。他给 F1 这项运动留下了很多奇迹，创下了至今无人企及的纪录。他是这项运动的招牌，不知道有多少人是因为他而喜欢上这项运动的。

但有人总会拿舒马赫一些不光彩的事来完全否定他所取得的成绩，诸如撞车、吸毒、服用兴奋剂等过错。有人还曾指责舒马赫的成功是因为法拉利车好，但是要知道舒马赫当年来到法拉利时，开的车绝对不是最好的。

人无完人，瑕不掩瑜，舒马赫的过错也许无法抹灭，但那些在赛场内外的完美表现，才是最值得人们永远记忆和珍藏的。那些小污点之所以如此刺眼，是因为它们滴在了一张雪白的纸上，当我们以宽容的心去接受这些污点而不是紧紧抓住不放时,我们也就懂得了什么叫作包容。放开了那些瑕疵,我们便能欣赏到这个世界更多的美。

活得太累,只因索求太多

人生就像爬山,本来我们可以轻松登上山顶去欣赏那美丽的风景,但由于身上背负了太重的欲望包袱,带着没有止境的索求上路,我们不但越爬越累,登不上山顶不说,甚至连沿途的美丽风景也会忽略掉,空留一身的疲惫。

从前有一位巴格达商人,一天晚上,他一个人行走在静寂无人的山路上。忽然,一个神秘的声音对他说:"请你弯下腰来,捡起路边的几个石子,明天早晨,你将因此得到欢乐。"虽然商人并不相信石子会给他带来欢乐,但他还是弯下腰去,在路边捡了几个石子,然后装入衣袋,继续赶路。

第二天,太阳照到商人身上,商人忽然想起了衣袋里还有石子,于是就掏出来看。当商人掏出第一粒石子时,他一下愣住了,原来那不是石子,而是钻石!商人去掏第二颗、第三颗、第四颗……发现是红宝石、绿宝石、蓝宝石……

商人开心极了,这么多宝石可以卖多少钱啊!不过转念间,商人又沮丧起来,他后悔昨晚没有多捡几颗石子,多捡几颗,就会得到更多的宝石!于是商人就这样懊恼了一路,之前的快乐也消失不见了。

一个容易满足的人，所获得的快乐会多得多。当商人发现石子是宝石时，他获得了快乐，但当他开始痛悔昨天晚上没有多捡几颗石子时，快乐已消失得无影无踪。快乐其实很简单，它永远属于知足的人，而不属于贪得无厌的人。

人之所以感到痛苦，原因之一就是永不知足，索求太多已经足够甚至是一些不属于自己的东西。因为自己的内心填不满、放不下，我们才时常感觉活得太累。当你真正放下了后，你才发觉所有的苦恼也都被你放下了，你又如原来一样轻松快乐。

有一个人，他穷得连一张床都没有，每天晚上都只能在一张长凳上睡觉。一天晚上，穷人自言自语地说："如果哪天我发了财，绝不像那些可恶的富人一样做吝啬鬼……"

这时候，穷人身边出现了一个魔鬼，魔鬼说道："我听见了你的愿望，我可以让你发财。"说完魔鬼就从衣服里掏出了一个魔力钱袋。魔鬼说："这钱袋里永远有一枚金币，是拿不完的。但是，你要记住，只有当你把钱袋扔掉时，才可以开始使用那些金币。所以在你觉得金币拿够了的时候，就把钱袋扔掉。"

说完，魔鬼就不见了，而穷人的身边真的出现了一个钱袋，里面装着一枚金币。穷人把那枚金币拿了出来，再伸手进去拿，里面又有一枚。于是，穷人不断地往外拿金币。整整一个晚上，穷人都在不停地往外拿金币。第二天金币已有一大堆了。他想：这些钱已经够我用一辈子了。

这时他很饿，很想去买面包吃。但是在他花钱以前，他知道必须扔掉那个钱袋，于是，他便拎着钱袋向河边走去，但是当他扔掉钱袋后，觉得很舍不得，于是又掉头回去把钱袋拿了回来。他又继续从钱袋里往外拿钱。就这样，每次当他想把钱袋扔掉的时候，他就总觉得钱还不够多。

三天过去了，他旁边的金币越来越多，以至于完全可以去买吃的、买房子、买最豪华的车子。可是，他总是对自己说："还是等钱再多一些才好。"

一连五天，他不吃不喝拼命地拿钱，金币已经快堆满一屋子了，但是，他仍然舍不得放弃那个钱袋。他虚弱地说："我不能把钱袋扔掉，金币还在源源不断地涌出来啊！"

最后，他终于因为又累又饿，死在了自己的长凳上，旁边堆放着满屋子的金币。

我们一心只希望拥有得越多越好，爬得越高越好，到头来，我们的心灵却无法得到休息。贪婪是一种诱惑，让我们不知疲倦地爬向那没有止境的深渊。

活得太累的人，只知道一个劲地朝前走，而不知道停下脚步歇息，观赏沿途的风景。生活是个过程，当我们回首一路走来的路途，有的人的回忆里不但有一生的收获，更有那些鲜活的画面、美好的风景，而有的人却只有花费他毕生时间换来的唯一的果实。索求有度，丢掉那些不值得你带上的包袱，轻松上路，你的人生旅途会更加愉快。

舍弃有时反而是一种获得

枯叶舍弃树干，是为了期待春天的葱茏；河流舍弃平坦，是为了回归大海的怀抱；蜡烛舍弃完美的躯体，是为了带给世界光明；

心灵舍弃凡俗的喧嚣，才能拥有一片宁静。

要想得到永久的掌声，就必须舍弃眼前的虚荣；要想得到小草的清香，就必须舍弃城市的舒适。舍弃了蔷薇，还有玫瑰；舍弃了小溪，还有大江；舍弃了一棵树，还有整片森林；舍弃了驰骋原野的不羁，还有策马徐行的自得。舍弃并不是失去，有时候反而是一种获得。

每年，美国俄亥俄州都会举行一场南瓜大赛，比谁的南瓜大。好几次的冠军得主都是一个叫汤姆的年轻人，他种的南瓜又大又甜，一连好几年都荣获首奖或优等奖。每次得奖后，汤姆都会毫不吝惜地将种子分送给邻居。

许多邻居对此举表示不解："你花那么多时间和精力培育良种，为什么把种子送给我们？难道你不怕我们的南瓜超过你的？"

汤姆笑笑说："我把种子送给大家，其实也是在帮助我自己！"

原来，各家瓜地相连，汤姆把自己的优良品种分给邻居，那么蜜蜂在传授花粉的过程中，就不会将劣种花粉传播到自己的优良品种上，避免了优良品种的退化。

表面上是自己吃亏，但实际上是自己的收获。牢牢抓住自己的东西不放，不懂得舍弃，一味地追求，而忘记了，有时候懂得舍弃，你才有机会获得更多。抓住了什么就再也不愿意松手，这样往往就会导致因小失大，无法继续接受新知识，更无法成长、超越。

利奥·罗斯顿是美国好莱坞影星，也是好莱坞历史上最胖的演员。后来因为演出时突然心力衰竭，罗斯顿被送进汤普森急救中心。医生们拼尽全力，最终也没能挽回罗斯顿的生命。不过罗斯顿在临终前说的一句话，让急救中心的哈登院长颇受启发。临终前罗斯顿曾喃喃自语："你的身躯很庞大，但你的生命需要的仅仅是一颗心脏！"后来哈登院长让人把这句富有哲理的话刻在了医院大楼的墙上。

不久后，美国石油大亨默尔也因工作繁忙导致心力衰竭而住进这个急救中心。即便是住院，默尔也放不下公司的诸多事务，甚至把公司搬到了医院。他包下了医院的一层楼，增设了用于联系事务的五部电话和两部传真机。

在医护人员的精心护理下，默尔渐渐康复。不过出院以后，默尔没有回到美国，也没有继续亲自打理他的石油帝国，而出乎所有人意料地卖掉了公司，在苏格兰一个乡村买下了一栋别墅。

让默尔做出这种反常行为的就是医院大楼上那句"你的身躯很庞大，但你的生命需要的仅仅是一颗心脏"。后来他在自传中这样写道："富裕和肥胖没有区别，它们只不过是超过自己所需要的东西罢了。"

过多的财富就如同身上的赘肉，让人颇感压力。人生应该过得轻松和快乐一点，再显赫的名利不过是束缚自身的枷锁，生命之舟又能承受多少负荷呢？在面对生死抉择时，什么又能比鲜活的生命重要，什么又能比幸福快乐的生活重要？

舍弃一些财富，换来的却是身体的健康，这样的舍弃物有所值。许多人在金钱、成就、权力、利益、面子、学识等方面，怎么也放不下，因为觉得一旦舍弃就意味着失去，却没有想过，或许在关键的时候懂得舍弃一些东西，将会得到更多意想不到的收获。

当你紧握双手，里面什么也没有；只有当你打开双手，才能抓住更多。当鱼和熊掌不能兼得的时候，我们应该学会舍弃。

有个富翁，在坐船过河时，由于正好赶上涨潮，船被一个巨浪给打翻了，富翁不幸落入水中。本来可以轻松游到岸边的他，由于身上带了过多的钱币，越游身体越往下沉。尽管富翁拼命地挣扎，但他丝毫没有扔掉一些钱币的念头，最后终因体力不支而和他的钱币永远埋葬在河水之中。

人因为不懂得舍弃才会有许多痛苦。有时舍弃反而能带我们进入一个新的空间，我们的心灵也会因此而豁然开朗。生活中，得到的同时，我们也在失去；选择的同时，我们也在舍弃。

人要懂得舍弃，有时候舍弃不仅是一种勇气，更是一种智慧。所谓舍得，有舍才有得。拿得起，更要放得下。只有在放下后，我们才能生活得轻松愉悦；只有放下欲望的沉重包袱，我们才能轻装上阵，在人生的道路上步履如飞。

相识是一种缘分，分离也是一种缘分

"于千万人之中遇见你所遇见的人，于千万年之中，时间的无涯的荒野里，没有早一步，也没有晚一步，刚巧赶上了，那也没有别的话可说，唯有轻轻地问一声：'噢，你也在这里吗？'"张爱玲曾这样写道。

缘分是可遇不可求的。茫茫人海，浮华世界，多少人真正能寻觅到自己最完美的归属，有多少人在擦肩而过中错失了最好的机缘，又有多少人做出了正确的选择却站在了错误的时间和地点。

有时缘去缘留只在人的一念间，也许今生里就这样错过了。一辈子那么长，一天没走到终点，你就一天不知道哪一个才是陪你走到最后的人。有时你遇到了一个人，以为就是他了，后来回头看，其实他也不过是一段美好的记忆。但你们之间，已经有了一个无法磨灭的交集。

缘分往往在我们不经意间随风而至，又会在我们拼命想抓住时悄然随风而逝。只有怀着顺其自然的心态去看待感情，才会懂得有些事是留不住的，有些事是拒绝不了的。

我们说人与人的相识是一种缘分，那分离何尝不是一种缘分呢？有人说，一生中最幸运的两件事：一件，是时间终于将我对你的爱消耗殆尽；一件，是很久很久以前有一天，我遇见你。

听上去有一种莫名的心碎，如果说当初的遇见是缘，那结局的分开也一定是缘。也许不能一生守候，但曾经相遇就已足够。

有一个商人，他拥有长长的驼队和一箱箱的绫罗绸缎。商人经常在森林里的小路上和一个樵夫相遇。樵夫只拥有斧头和绳子，每天拿着它们上山砍柴。每次相遇，商人总是会看见樵夫笑容满面，有时还听见他哼唱着山歌。

这天，商人又与樵夫相遇，他们同坐在一块大石头上休息。

商人这次终于问出口："我有一件事不明白，你穷得叮当响，怎么那么快乐呢？你是不是有什么无价之宝藏而不露呢？"

樵夫听后哈哈大笑道："我也不明白您为什么整天愁眉苦脸，要知道您拥有那么多财富！"

"唉！"商人叹了一口气说，"虽然我很富有，但我却深深为一段感情苦恼着。她是一个美丽善良的女人，我们曾经有过许多美好的时光，但是因为种种原因，我们分开了，从此我就再也没有从失恋的痛苦中走出来。"

"哦，原来是这样！"樵夫道，"虽然我一无所有，但我时时感觉到我拥有永恒的幸福，所以我总是笑声不断。"

商人有些纳闷："是吗？那么你家里一定有一位贤惠的妻子？"

樵夫摇摇头："没有，我是个快乐的单身汉。"

"那么，你一定有一个不久就可迎娶进门的未婚妻。"商人肯定地说。

"没有，我从来没有过什么未婚妻。"

"那么，你一定有一件使自己快乐的宝物。"

"嗯……"樵夫迟疑了一下说，"假如你要称它为宝物的话，也可以这么说，那是一位美丽的姑娘送给我的……"

"哦？"商人迫不及待地问，"是一件什么样的宝物，令你感到如此幸福呢？一件金光闪闪的定情物？一个甜蜜的吻？还是……"

"都不是，这个美丽的姑娘从来没有同我说过一句话，每次我在村子里碰见她，她总是匆匆而过。两年前，她去了另一个城市生活，就在她临走前，上车的时候，她……"樵夫眼中流露出的是满满的幸福。

"她怎么样？"商人急切地问。

"她向我投来了含情脉脉的一瞥！"樵夫继续说道，"这一瞬间的目光，对于我来说，已经足够我幸福一生了。虽然我们不在一起，但我觉得那一瞥已经足以证明我们之间的缘分，这就足够了，我已经把它珍藏在我的心中成了我永恒的记忆。"

商人看着幸福无比的樵夫，心想：我和一个女人拥有那么多甜蜜的回忆，竟然不及这个樵夫珍藏的一个女孩的一瞥，真正的富翁应该是他啊！

即便不曾真正拥有，即便不能一起携手走过一生的春夏秋冬，但相遇、分离都是一种难得的缘分。前世五百次的回眸才得今生的一次相遇，相遇过，就是缘分，又何必因分离而生气呢？

多一物多一心，少一物少一念

不要太在意得到，得到的东西越多，你的心装载得越多；不要太在意失去，失去一样东西，你的心就少一份挂念。人生在世，只有不被外物所束缚，才能活得潇洒自在。

一个富翁带着毕生赚到的金银财宝，四处去寻找快乐，可是走过了千山万水，也未能寻找到快乐，于是他沮丧地坐在山道旁。一个农夫正巧路过，富翁便询问他说："我是个令人美慕的富翁，可是，为什么我感受不到快乐？"

农夫放下沉甸甸的柴草，舒心地擦着汗水："快乐很简单，放下就是快乐呀！"富翁顿时开悟：自己背负那么重的珠宝，老怕别人抢，总怕别人暗害，整日忧心忡忡，快乐从何而来？

于是下山后，富翁将珠宝全都接济穷人，专做善事。帮助别人的善举滋润了富翁的心灵，没有那些珠宝后富翁也少了许多担心，他真切地体会到了"放下"的快乐。

所有的一切不过是身外之物，看淡一切，得之淡然，失之坦然。不要因为失去一些，心理就严重失衡，变得怨天尤人、浮躁不安；也不要因为得到而沾沾自喜、不可一世。正视你的得与失，坦然地接受，用一颗平常心去看待得失，因为只有心态摆正了，你才能改变现状。失去时不悲伤，得到时不得意，这样的心境才是智者的心境。

东西不是越多越好，少不见得不好。时下，人们被名利缠身，被它们压得喘不过气，快乐何处去寻？只要你心无牵挂，什么都看得开、放得下，心中自然坦荡，快乐也自然会围绕在身边。

有的人对生活有太多的苛求，弄得自己筋疲力尽，很少体味到幸福和欣慰的滋味，忧虑和恐惧倒是时常伴随，生命匆忙而逝，一辈子实在是过得糟糕至极。其实不如放下，给生命一份从容，给自己一片坦然。

不是每件事都值得去做

班尼斯说过："最聪明的人是那些对无足轻重的事情无动于衷的人，但他们对那些较重要的事务却总是做不到无动于衷。那些太专注于小事的人，通常会变得对大事无能。"

优秀的人懂得区分事情的轻重缓急，他们要以并不长的生命，完成许多值得他们付出的事。他们必须不为小事所纠缠，因此具备分辨什么是无关紧要的事的能力。如果一个人过于努力想把所有事都做好，那他就不会有足够的精力把最重要的事做好。

从前有一个国王，后宫的妃子为他生了一群白白胖胖的王子，而他最宠爱的妃子为他生了一位漂亮的公主。国王对小公主非常疼爱，视其为掌上明珠，从不会训斥半句，只要是公主想要的东西，无论多么稀罕，国王都会想尽办法弄来。

公主在国王的骄纵下渐渐地长大了，她开始学着装扮自己了。一个春雨初晴的午后，公主带着婢女在宫中花园散步，只见树枝上的花朵经过雨水的洗礼和滋润，变得娇艳欲滴、越发迷人；蓊郁的树木，翠绿得逼人。正在欣赏雨后景致的公主，忽然被荷花池中的奇观吸引住了。原来池水热气经过蒸发，正冒出一颗颗状如琉璃珍珠的水泡，浑圆晶莹，闪耀夺目。在这种壮观美景下，公主突发奇想：如果把这些水泡串成花环，戴在头发上，一定美丽极了！

打定主意后，她便吩咐婢女将水泡捞上来，但是婢女的手一触及水泡，水泡便破灭无影。折腾了半天也没有结果，公主在池边等得不悦，一怒之下便跑回宫中，把国王带到池畔，指着一池闪闪发光的水泡说："父王！你是最疼爱我的人，我要什么东西你都满足我。女儿想要把池里的水泡串成花环，作为装饰，你说好不好？"

"傻孩子！水泡虽然好看，但终究是虚幻不实的东西，是不能做成花环的。父王另外给你找珍珠水晶，一定比水泡还要美丽！"父王无限怜爱地回答女儿。

"不要！不要！我只要水泡花环，我不要什么珍珠水晶。如果你不能满足我的要求，我就不活了。"公主哭闹着。

束手无策的国王只好把朝中的大臣们叫到花园，忧心忡忡地商议道："各位大臣！你们号称是本国的奇工巧匠，如果有谁能够以奇异的技艺，将池中的水泡编成美丽的花环，我便重重奖赏他。"

"报告陛下！水泡刹那生来，触摸即破，怎么能够拿来做花环呢？"大臣们面面相觑，不知如何是好。

"哼！这么简单的事，你们都做不到，真是枉费我平日对你们的善待！如果无法满足我女儿的心愿，你们统统提头来见我。"国王盛怒地呵斥道。

"国王请息怒，我有办法帮助公主做成花环。只是老臣老眼昏花，实在分不清楚水池中哪个水泡比较均匀饱满，能否请公主亲自挑选，交给我来编串。"一位须发斑白的大臣神情镇定地打圆场。

公主听了，高兴地拿起瓢子，弯起腰身，认真地舀取自己中意的水泡。本来光彩闪烁的水泡，经公主轻轻一碰，就迅速破灭，化为泡影。捞了半天，一颗水泡也没捞起来。睿智的大臣于是和蔼地对一脸沮丧的公主说："水泡本来就是生灭无常，不能常驻久留的东西，如果把人生的希望建立在这种虚假不实、瞬间即逝的现象上，到头来必然一无所获。"公主见状，便不再坚持这个过分的要求了。

现实生活中就有这么一些执拗的人，一旦认定的事就非做不可，不管那件事究竟值不值得做，直到耗尽精力、财力才肯罢休。

一生中，我们无数次地站在岔道口上，无论愿不愿意都要面临诸多选择。有选择就有放弃，趋利避害是人的本能，生活中有许多事情是要我们迎难而上、努力拼搏才能取得最后胜利的。但如果目标不对，一味地流汗却只是在做无谓的努力。

有人说："我以一生的精力去做一件事，十年、二十年……再笨也会成为某一方面的专家。"但是如果这条路不适合你，自信和执着就变成了自负和固执，这对自己是没有任何好处的，浪费了时间和精力，损失了物力和财力，最终也只能落得一场空。

莎士比亚说："倘若没有理智，感情就会把我们弄得精疲力竭，为了制止感情的荒唐，所以才有智慧。"只有学会估量事情的价值、事情的可行度，才能更好地选择哪些事值得去做，而哪些事应该放下。学会舍弃不是不求进取，知难而退也不是一种圆滑的处世哲学。有的东西在你想要得到又得不到时，一味地追求只会给自己带来压力、痛苦和焦虑。这时，学会舍弃是一种解脱。懂得区分事情是否值得去做的人，人生便会悲少喜多。

第八章 ▷

**感谢折磨你的人和事，勿拿
别人的过错惩罚自己**

生气是拿别人的错误来惩罚自己。所以，在别人犯错时，不要生气，不要惩罚自己，用宽广的胸怀来对待人和事，你会发现你收获的不仅仅是一份美好的心情。

换一种角度去看生活中的那些荆棘

就像一年四季有晴也有雨，人生也不可能总是艳阳天，碰上风霜雨雪是常有的事——人的一生就是从风风雨雨中走过来的。在事业、学业、爱情、家庭的道路上，总会遇到一些荆棘和磨难。

荆棘是怒海中的狂风，它想折断我们远航的桅杆；荆棘是沙漠中的烈日，它想阻挡我们前进的步伐；荆棘是晴天中的霹雳，它想摧毁我们进取的决心。但也正是这些荆棘，磨炼了我们的意志，让我们变得更为强大。

舒伯特是近代音乐史上著名的作曲家，是浪漫主义音乐派的先驱，可他的许多作品都是在饥肠辘辘中创做出来的。可是，贫困并没有销蚀他的才华，他的作品一直是音乐界的骄傲。

有一天，舒伯特饿得实在不行，不知不觉中便走进维也纳一家饭馆，可他身上一分钱也没有。这时，餐桌报纸上的一首小诗吸引了他，舒伯特当即就为这首诗配上了乐曲，交给店主换了一份土豆吃，这首乐曲就是后来举世闻名的《摇篮曲》。

生铁不经冶炼和锻打就成不了好钢。苦难和荆棘会激发人的潜能，让我们在瞬间爆发出巨大的能量。正如一句俗话所说，困难是走向胜利和成功的阶石，碰壁是考验能力和提高水平的机会。碰壁在所难免，困难无法躲避，不管怎样，你总得勇敢地去面对，顽强地去拼搏。拿出力量，用迎接的姿态去一一打破它们！

在达·芬奇出名之前，没人看得起他的画作，可谓际遇坎坷。怀才不遇的达·芬奇在30多岁的时候，努力地寻求机会，于是投奔到米兰的一位公爵门下。

因为没有名气，最开始公爵不让达·芬奇为自己画画。几年过去了，在达·芬奇的再三要求下，公爵终于开了恩——让他给圣玛丽亚修道院的一个饭厅画装饰画。在饭厅画装饰画这种活一个普通的匠人就可以完成，对于达·芬奇的绘画才能来说简直是大材小用。虽然是一件无足轻重的事，但达·芬奇还是竭尽全力去把它做好。他花了自己的所有力量去进行创作，日夜站在脚手架上，干到夜色降临也不肯下来，忘记吃饭是常事。

这幅壁画就是著名的画作《最后的晚餐》，达·芬奇用他的汗水浇筑出了人类艺术的珍品。

俄国著名文学家车尔尼雪夫斯基曾说过这么一段话：历史的道路不是涅瓦大街上的人行道，它完全是在田野中前进的，有时穿过尘埃，有时穿过泥泞，有时横渡沼泽，有时经过丛林。生活的道路也是这样，常常会遇上荆棘丛生的小道，会遇上寒风和暴雨。意外的不幸、事业的挫折、经济的拮据、人际关系的紧张等，都会使你的生活蒙上阴影。但是，如果没有生活的曲折和坎坷，就没有那令人叹服的道德楷模。正是由于风雨的吹打，锻造了我们社会中的许多栋梁之才，正是由于挫折和磨难，造就了大批生活中的强者。

1958年，富兰克·卡纳利为了筹集他的大学学费，开了一家比萨饼店。让这个小伙子没有想到的是，自己的饼店不仅为自己挣足了学费，还成为自己日后的事业。

就在比萨饼店的生意越来越红火的时候，卡纳利准备在俄克拉何马开设分店，但这个店失败了。之后他又将比萨饼店开在纽约，但销售业绩一样让人心灰意冷。

这些失败没有让他失去信心，他从失败中分析原因，知道了店面装潢要因地制宜，知道了比萨风味不单单只有地方风味几种，在尝试过不同的装潢风格和比萨口味后，卡纳利获得了他事业的又一次腾飞。

卡纳利的比萨饼店成为全球知名的比萨连锁店——必胜客。卡纳利说他的成功正是在一次次失败中积累起来的，因为这些失败让他学到了宝贵的经验。

卡纳利还给了那些想创业的人们这样的忠告："你必须学习失败。我做过的行业不下 50 种，而这中间大约有 15 种做得还算不错，那表示我大约有 30% 的成功率。可是你总要出击，而且在你失败之后更要出击。你根本不能确定你什么时候会成功，所以你必须先学会失败。"

换一种角度去看人生路途上那些阻挡我们脚步的荆棘，如果没有它们，我们怎会获得力量和智慧？想要打开一扇窗，就需要经历许多扇关闭的门，所以，感谢那些关闭的门吧，它们会帮助你获得最终的成功。

不绝望就有希望

不幸是弱者的绊脚石，却是强者的垫脚石。许多人被苦难的洪流吞噬，被逆境的泥沼困住。但是，也有更多的人，他们迎着苦难、挑战苦难，即便处于令人最绝望的境地，也不放弃梦想、不放弃希望，他们用锋利的剑划破苦难的罗网，最终让自己的生活变得美丽起来。

有一个女人30多岁时被查出患了乳腺癌，刚刚做完切除手术后，她的丈夫就与她离了婚，还带走了他们只有五岁的儿子。女人的世界一下子崩塌了，爱人走了，儿子也不在自己身边。从那之后，女人整天垂头丧气，常常泪流不止。很长一段时间，她都打不起精神，她常常自言自语地问自己："这个世界对于我来说还有什么希望？"那时的她感觉天空都是灰色的。

有一天，她站在镜子前，看到了一张陌生的脸，面容憔悴，皮肤粗糙，眼圈发黑，眼神呆滞而茫然。她当时就吓了一跳，自己原来那张年轻、俊美的脸到哪里去了？她想日子总是要过的，与其在痛苦中挣扎不如快乐地生活。

从此，她开始打扮自己，每天都神采奕奕地出门，工作做出了成绩，得到了领导和同事的认可。此外，她用业余时间搞文学创作，发表了许多文学作品，也收到大量的读者来信，她活得越来越充实。

她随身带了一面小镜子，无论走到哪里，有时间她就会拿出来照一照，不是检查自己的妆容，而是对着镜子练习微笑。她说这是她与周围人融洽相处的一个法宝，因为她常常对人们友善地微笑，人们也同样回报她以微笑。

抛弃悲观的想法后，她的脸上再也看不到一丝生活的悲苦，她的笑声里，不藏一点命运的不幸，没有悲叹、没有牢骚、没有抱怨。有的是对生活的积极乐观、豁达从容，有的是绽放在脸上的明媚的笑容，有的是自内而外散发出来的人格馨香。

没有谁的一生能够一帆风顺，如果你正在遭受你觉得不堪忍受的东西，哪怕是再大的不幸，也不能绝望。要相信一切都会过去，就像天空不会总是乌云密布，总有雨过天晴的一天。再坚持一会儿，就能看到光明的曙光了。

绝处尚有逢生的机会，风雨过后才有灿烂的彩虹。没有过不去的事情，只有你是否愿意抛弃绝望，重拾信心和勇气。

艾柯卡在福特工作已32年，当了8年总经理，只因大老板的嫉妒而失业在家，开始时他悲观绝望、痛不欲生，甚至对自己失去了信心，觉得人生就这样让一道高坎给挡住了。

痛定思痛的他决定绕过高坎，自寻出路——到濒临破产的克莱斯勒汽车公司担任总经理。后来他凭着自己的智慧、胆识和魄力，对克莱斯勒进行了大刀阔斧的整顿和改革，并通过各种方式最终获得了巨额贷款。

在艾柯卡的领导下，不久之后克莱斯勒公司就起死回生了，并成为仅次于通用汽车公司、福特汽车公司的第三大汽车公司。艾柯卡曾深有感触地说："奋力向前，哪怕时运不济；永不绝望，哪怕天崩地裂。只有跨过人生的每一道坎，你才会赢得胜利。"

面对挫折和失败，唯有持着乐观积极的心态，永不放弃，才能最终获得成功。这些挡住去路的坎更可以激发人们生命中的坚忍潜力。

就像《倔强》中唱的：我和我最后的倔强，握紧双手绝对不放，下一站是不是天堂，就算失望不能绝望。只要不绝望，就会有希望！

把困难当做自己的恩人

人的一生中会碰到许多或大或小的困难，一些人在困难面前会丧失信心，会觉得苦闷，会感到痛苦，但困难却不一定是件坏事。是困难帮你积累了丰富的经验，是困难磨炼了你坚强的意志。它不是我们的敌人，恰恰是我们应当感谢的恩人。

罗琳的父母是网球的狂热爱好者，所以罗琳一出生，她的父母就决心一定要把她培养成一位出色的网球选手。

15 岁的罗琳第一次参加职业网球巡回赛，击败了几名老手的她成功闯入半决赛。少年得志让她有些得意忘形。

有次罗琳逃课去和同伴打篮球，不小心把左手腕摔伤了。虽然这次受伤对罗琳的影响并不是很大，但她却因为受伤的左手而无法施展最擅长的双手反手击球了。

这时罗琳的父亲对罗琳说："你为什么不借此机会多锻炼你的右手，提高一下你右手的进攻质量呢？"

在此后的那段时间里，罗琳把大量的时间放在了练习右手上。她右手的进攻力长进飞快。在一次比赛中，罗琳就是用她颇具杀伤力的右手攻球一次次击退了强劲的对手。

困难这位"恩人"有时会给我们意外的收获，它给了我们一次次成长的机会，一个个把自己磨炼得更强的机会。

其实每一次的困难都是一份"小礼物"，只要你心态正确，把困难转化成为前行的动力，就能把困难变成一份"小礼物"。别人会成功并不是因为他们没有遭受困难，而是他们懂得把困难当成"恩人"。

有一个造纸厂的普通工人，由于一时疏忽，不小心把原料的比例放错了，结果制出的纸皱皱巴巴，根本不能使用。老板很生气，开除了那位年轻人，并让他承担所有的损失。无奈之下，年轻人赔了许多钱，只拿回一大堆无法写字的纸。但他没有一味地悲哀，而是开始思考：这种纸有没有什么优点呢？经过无数次的试验，他终于发现那种纸有良好的吸水性。这位工人利用了纸的这个优点，开办了第一家吸水纸生产工厂，那个年轻人也因独树一帜而在短短几年的时间内从一名普通工人变成了一位富翁。

看似无用的东西，说不定在别的场合，就能派上大的用场。其实只要你有积极的行动和想法，任何事都不会只有一种面貌。有些人面对失败，常常沉溺其中不能自拔。此时的他们就成了被困于井底的青蛙，只知道望天悲叹，却不知道只有爬出井口，才能发现外面的世界不仅浩瀚无边，而且精彩无比。

有句话叫：喜悦在生命转弯的地方。如果人们只看到废墟，而未看到废墟带来的巨大财富，就很难发现拐角处的惊喜。目光短浅，只盯住失败、逆境、苦难，习惯于某个想法，生活中就少了获得转机的可能性。何不把生活给予我们的磨难当成一种乐趣。人生路上我们习惯了平坦，挫折就仿佛是个弯道，是个幽曲的小径，一旦转过去，我们或许会因此发现一片更美丽的风景，获得意外的精彩。

不要逃避困难，不要因困难而受伤。人生不怕困难，就怕没困难，把困难当成"恩人"，怀着一颗感恩的心去迎接它，你会发现"恩人"会给你无限的惊喜。

学会在逆境中微笑

面对人生逆境，依然微笑，是一种生命的不屈姿态；面对生活挫折，依然微笑，是一种灵魂的高贵形式。

鲍威尔·达尔是一位美国妇女，不幸的是，她只有一只眼睛，而且视力极差。在她小的时候，别的孩子在欢快地玩"跳房子"的游戏，她也很想玩，可是她却看不清地上的线，于是她常常一个人趴在地上找线画在哪儿，并记住线的位置，然后再和小朋友一起玩。

她喜欢读书，但看书对于她来说却不那么容易，每次她都必须把书举到靠近眼睫毛的地方才能看清书上的字，尽管很吃力，但她在家里仍然坚持读书，最后她竟得到了哥伦比亚大学的文学硕士学位，并成为一所学院的新闻与文学教授。

究竟是什么力量使得达尔克服了常人难以想象的困难，获得了成功呢？达尔所著的《我想看》一书给了我们答案，她这样写道："在我的内心深处，一直隐藏着对眼盲的恐惧。为了克服这种恐惧，我选择了欢乐。"

达尔从不抱怨生活，相反，她不断地从自己那残缺的生活中获得乐趣。因为趴在地上尚能看到那些线，把书举到眼前尚能读到文字，所以她满足，她微笑，终于她成了"跳房子"的好手，获得了学位，做了教授。在逆境中微笑，使达尔不断朝人生的高处走去。

和达尔比起来，我们大多数人都是幸运的，因为我们可以毫不费力地"跳房子"和看书。然而，我们是否也常常像达尔那样感到快乐？学会在遇到一些小小的挫折时微笑？

要在逆境中学会微笑相当不易，因为挫折、成功、失败有多少人能看透？又有多少人能够做到从容？逆境中的微笑可以让人心平气和，不急不躁，理清思路，找出解决问题的办法，顺利渡过难关。

无论阴云密布还是阳光灿烂，我们都要时时刻刻保持微笑。微笑是如此简单，人人皆有；微笑是如此重要，可以治疗心中的忧伤；微笑是如此有益，可以帮助人成就事业。

面临困境的时候，我们总是一味沉浸在抱怨、失落、生气的情绪中，但当你以积极的心态去看待你所处的环境，当你抬头看看阳光，你就会积极地采取有效的措施和方法去改变你的现状。

有一首诗写道："当生命像流行歌曲般地流行，那不难使人们觉得欢欣。但真有价值的人，却是那能在逆境中依然微笑的人。"

让我们记住这首诗吧！一个能够在一切事情十分不顺利时微笑的人，要比一个一面临艰难困苦勇气就要崩溃的人要拥有更多人生的幸福。

在泥泞里行走，才会留下深深的脚印

大地如果平坦无崎，也便失去了逶迤磅礴的气势；大海如果平静无澜，也便没有了汹涌澎湃的豪迈；人生如果没有挫折和失败的衬托，也便显示不出成功的可贵了。

有的人稍遇挫折便意志消沉、一蹶不振，他们的人生没有什么精彩可言。有的人经历了一次次挫折，依然坚忍不拔、斗志昂扬，他们的人生才是精彩的。他们在生命的轨迹上留下了值得回忆和自豪的东西。

读了下面这则小故事或许你就会悟出上面所说的道理了。

渔村有一位非常出名的老渔夫，他被渔民尊称为"渔王"，因为他的捕鱼技术是全村最棒的。不过渐渐上了岁数的渔王一直有一个困扰，因为他的三个儿子一直不给他争气，他们的捕鱼技术都很平庸。

他经常向街坊四邻诉说自己的苦恼："我真不明白，我把我辛辛苦苦总结出来的经验毫无保留地传授给我的儿子，可是他们的捕鱼技术竟然赶不上普通渔民的儿子！我先从最基本的东西教起，告诉他们怎样织网最容易捕到鱼，怎样划船不会惊动鱼，怎样下网最容易请鱼入瓮……可是，我就是想不明白，我的儿子为什么这么笨？真是太让人伤心了。"

一位邻居听后问道："你一直手把手地教他们吗？"

老渔夫点点头说："是的，为了让他们学会一流的捕鱼技术，我教得很仔细。"

"他们一直跟着你吗？"

"是的，为了让他们少走弯路，我一直让他们跟着我学。"

邻居继续说道："这样说来，我认为错误其实在你身上。你只传授给他们技术，却没有传授给他们教训，要知道，没有教训与没有经验一样，都不能使人成大器。"

老渔夫恍然大悟。

没有失败的经验，人不可能成大器。正如种子深埋在泥土之中，泥土既是它发芽的障碍，更是它生长的基础和源泉；瀑布迈着勇敢的步伐，在悬崖峭壁前毫不退缩，因而造就了自身的壮美。

所以对待失败，你应该学会感谢，因为从困境中爬出来后，你就不会重蹈覆辙。在泥泞里行走，才会留下足迹，同理，经历磨难，人生才有意义。唯有挫折和苦难才能激发出我们深藏在潜意识里的无穷的力量，才能使我们更好地武装自己，开创人生的辉煌。

仇恨并不会让折磨你的人痛苦

法国作家雨果曾经说过："世界上宽阔的是海洋，比海洋更宽阔的是天空，比天空更宽阔的则是人的胸怀。"对于那些所谓的仇恨，以其人之道而还之是不可取的。仇恨没有止境，也不会对折磨你的人产生任何影响，只会加深你自己的苦痛。所以，为了自己，宽容别人吧！化干戈为玉帛，宽容别人的过错，你将获得更广阔的天空。

在英国一个市场里，有一位中国妇女的生意特别好，其他的摊主因此十分嫉妒，大家经常有意无意地把垃圾扫到她的店门口。这个中国女人每次都只是付之一笑，不予计较，并且把垃圾都清扫到自己店里的纸篓里。

在她旁边卖菜的一个外国妇女观察了好几天，有一天终于忍不住问道："大家都把垃圾扫到你这里来，你为什么不生气？"中国女人平静地回答："我们中国有个习俗，过年的时候，都会把垃圾往自己家里扫，垃圾越多就代表你来年赚的钱越多。现在每天都有人送钱到我这里来，我怎么会拒绝呢？你看我的生意不是越来越好了吗？"

她的宽容大度让那些捉弄过她的摊主惭愧不已。从此，那些垃圾再也没有出现过。

故事里的女人用一颗包容的心，巧妙地将别人的"怨气"化作了美好的祝福。没有仇恨，而是用智慧宽恕了别人，赢得了大家的尊敬。

在现实生活中，人与人之间的矛盾、摩擦是不可避免的，但你大可不必将它们看得如此严重，动辄便上升到仇恨的地步。宽容不仅能换来自己内心的豁达，更能换来敌人的微笑。宽容别人的同时，我们的心也获得了解放。生气是用别人的错误来惩罚自己

德国古典哲学家康德曾说："发怒，是用别人的错误来惩罚自己。"我们在一旁生气，那个让我们生气的人就会因为我们的生气而被惩罚吗？他就一定会因为我们的生气而改正错误吗？与其用别人的错误来惩罚自己，不如让自己放宽心态，去忽略那些扰乱自己心灵的浮尘。错误是由他人造成的，不在我们自身，所以不该由我们来承受这份气，理解了这些，心情就会豁然开朗。

有位卖菜的妇女，生意一直不错。但没过多久，一位卖菜老汉把她的摊位抢占了，妇女见对方是上了年纪的人，就不和他计较，将自己的摊位移到老汉旁边。没想到，老汉竟然将菜价调得比她的低，结果就把她大部分生意给抢走了。这位妇女气不过就和老汉理论，说着说着两人就吵了起来，吵了半天也没吵出个结果。回到家后，这位妇女越想越生气，就把这件事和丈夫说了。

第二天这位妇女和她丈夫便一起来到市场，找老汉"算账"，丈夫把老汉揍了一顿，为妻子出了气。由于老汉受了点轻伤，其家人就报了警，经民警调解，这位妇女和她的丈夫赔偿老汉医药费等共1000元钱。

事后这位妇女觉得这钱赔得冤枉，越想越觉得心里窝火，就来

到居民楼上，想跳楼自杀。后经民警半个多小时苦口婆心的劝说，才放弃了跳楼的念头。

有时候别人的错误固然可恨，但如果我们一味沉浸在这种情绪之中，而不是自我调节，只知道生气，大多数时候是无济于事的。当我们不考虑任何实际情况，当愤怒越发激烈，变成行动时，甚至会引发不必要的伤害。

有一天，佛陀在寺庙里静修的时候，一个人破门而入，因为其他人都出家到佛陀这里来了，而他自己却没能得到这个机会，这令他很生气。

当佛陀安静地听完他的无理谩骂之后，轻语问道："你的家偶尔也有访客来吧！""那是自然，你何必问！""那个时候，你偶尔也会款待客人吧？""那还用说！""假如那个时候，访客不接受你的款待，那么那些做好的菜肴应该归于谁呢？""要是访客不吃的话，那些菜肴只好再归于我！"

问完这些，佛陀笑了，看着他，又说道："你今天在我的面前说了很多坏话，但是我并不接受它，所以就像刚才所回答的一样，你的无理谩骂，那是归于你的！如果我被谩骂，而再以恶语相向时，就有如主客一起用餐一样，因此我不接受这个菜肴。"

最后，佛陀为他指点迷津："对愤怒的人，以愤怒相向，是一件不应该的事。不以愤怒相向的人，将得到两个胜利：知道他人的愤怒，而以正念镇静自己的人，不但能胜于自己，也能胜于他人。"

在生活中，很多人并没有佛陀的宽容，心中怎么也放不下别人的过错。比如下级犯了错误，上级很生气，怒发冲冠、声色俱厉，伤的其实是自己；上级作风不正派，下级很生气，内心憋屈、心生不平，伤的也是自己；同事之间钩心斗角、相互猜疑，伤的还是自己。犯错误应该受到惩罚，但未必要通过生气来实现，既然错误在他，为何你要生气？别人犯了错，而你去生气，岂不是拿别人的错误来惩罚自己？别人的愤怒和过错都还给别人吧，那不属于你。我们没有必要为那些不属于自己又烦扰到自己身心的事而停留片刻，多一秒停留便会多一秒烦忧。

　　面对他人的过错，能够做到不生气的人，才是生活的智者。生别人的气，不是在惩罚他人，而是在惩罚自己。

第九章

倒掉鞋子里的沙，清扫
内心的垃圾

嫉妒、冷漠、懦弱、贪婪、自卑、抑郁，这些是我们心中的垃圾，它们会污染我们的心情，只有倒掉它们，我们才会走得舒适、自在。

化解来自内心的嫉妒

一个心胸狭窄、嫉妒心强的人永远也无法获得给予和付出的快乐，而且，这样的人既自怨自艾，又见不得别人好，只能一直生活在对自我的折磨中。

命运赐给我们欢乐和机遇，同时也给了我们缺憾与苦难，我们没有必要怨天尤人，更不必嫉妒别人。用豁达、宽容的态度对待生活，就会减少许多无奈与烦恼，多一些欢乐与阳光。唯有如此，才能做命运的主人。

迈克尔·乔丹是享誉世界的篮球明星，而他所在的芝加哥公牛队也是篮球史上最伟大的球队之一。乔丹除了拥有过人的球技，其心胸也是许多人无法比拟的。

皮蓬是公牛队最有希望超越乔丹的新秀，但乔丹没有把他当做自己最危险的对手而心怀嫉妒，反而处处加以赞扬、鼓励。

一次，乔丹问皮蓬："咱俩三分球谁投得好？"皮蓬想也不想就说："你！""不，是你！"乔丹十分肯定。虽然当时技术统计显示，乔丹投三分球的成功率是28.6%，而皮蓬是26.4%，但乔丹却对别人这样解释道："皮蓬投三分球动作规范、自然，在这方面他很有天赋，以后还会更好，而我投三分球还有许多弱点！"

乔丹还告诉皮蓬，自己扣篮多用的是右手，用左手也最多是习惯性地辅助一下，而皮蓬双手都能扣篮，甚至用左手扣得更好一些。这是连皮蓬自己都没有注意到的细节。

正是乔丹博大的胸襟，使得全体队员树立起了信心并增强了凝聚力，于是公牛队取得了一场又一场的胜利。

没有嫉妒，有的只是欣赏和鼓励，看来乔丹不仅是世人心中的篮球王，因为他的心胸宽广，所以他更是全队的精神领袖。

法国作家巴尔扎克说："嫉妒者受的痛苦比任何人遭受的痛苦更大，他自己的不幸和别人的幸福都使他痛苦万分。"所以，我们要尽量远离嫉妒，哪怕心中产生的只是一点点嫉妒的火星，也要及时将其扑灭，绝不能让嫉妒之火烧毁我们的灵魂，这样才能塑造一个更完美、更有作为的自我。

一天，一个国王独自到花园里散步。使他万分诧异的是花园里所有的花草树木都凋谢了，园中一片荒凉。后来国王了解到：葡萄藤哀叹自己终日匍匐在架上，不能直立，不能像桃树那样开出美丽可爱的花朵，枯萎了。橡树由于自己没有松树那么高大挺拔，因此厌世轻生，枯萎了。牵牛花也病倒了，因为它叹息自己没有紫丁香那样芬芳。松树又因怨恨自己未能像葡萄藤那样多结果子，也枯萎了。其余的植物都垂头丧气，只有最细小的心安草仍在茂盛地成长。

国王问道："小小的心安草啊，我喜欢你。别的植物都因嫉妒别人而悲观厌世了，为什么你一点不沮丧呢？难道你不嫉妒它们高大挺拔，能开花，能结果实吗？"

小草回答："国王啊，我一点不嫉妒，也一点不失望。虽然我算不了什么，但是我知道如果国王想要一棵橡树，或者一棵松树，一丛葡萄藤，或者桃树、牵牛花、紫丁香等，你就会叫园丁去把它们种上。而我知道你只要我安心做小小的心安草，所以我就心满意足地去做小小的心安草。"

不必嫉妒别人的花是多么美丽，因为你也有自己的乐土，也许你的花不如别人的漂亮名贵，但即便你是一棵无人关注的小草，你也一样可以活出自己的精彩！一个人在嫉妒别人的同时，实际上也在折磨自己，多少嫉妒别人的人最后都喝到了自己所酿的苦酒。

我们总是习惯于嫉妒别人，却不懂得欣赏自己。每个人都有自己存在的价值，如果你嫉妒别人的生活比你快乐，那是因为你没有看到过他们生活的另一面。也许，在你嫉妒别人的时候，别人也在嫉妒你呢。不与他人做无谓的比较，好好数数上苍给你的东西，你会更加珍惜自己所拥有的一切。

勇敢打破冷漠的心墙

在人与人交往时，将你的心窗打开，不要吝啬心中的爱，因为只有爱人者才会被人爱。打破冷漠的心墙，当你陷入困境时，你才会得到许多充满爱心的关怀和帮助。

卡耐基曾说："如果你想让别人喜欢你，或是改善人际关系；如果你想帮助自己也帮助他人，请记住这条原则：真诚地关心别人。"丢掉你的冷漠，打开你尘封的心，释放心中的爱吧，你的生命会因爱更精彩。

有一对老夫妇在一个风雨交加的晚上来到一家旅馆，但却被一位年轻的服务生告之客房已经满了。老先生无奈地告诉服务生："我们是从外地来的游客，人生地不熟，现在外面还下着大雨，真不知道怎么办！"

现在是旅游旺季，即使是附近的其他旅馆也不易订到客房。年轻的服务生不忍心让两位老人重新回到雨中去，便说："如果你们不嫌弃的话，可以住在我的房间里。""那太打扰你了！""我今天值夜班，明天早晨才能休息，请放心，你们不会给我造成任何不便。"服务生边说边将酒店的值日表指给老人看，以打消他们的顾虑。两位老人高兴地答应了。

第二天早上，他们想给服务生付房费。服务生婉言谢绝。老先生感叹道："你这样的职员是任何老板都梦寐以求的。我将来也许会为你建一座旅馆。"服务生笑了笑，他以为这只是一个玩笑。

过了几年，服务生忽然收到那位老先生的来信，邀请他到曼哈顿，并附上了往返机票。到了曼哈顿，老先生将他带到一幢豪华的建筑物前面，说："这就是我专门为你建造的饭店。"许多年过去了，这家饭店发展成为今日美国著名的渥道夫·爱斯特莉亚饭店。这个年轻的服务生就是该饭店的第一任总经理乔治·伯特。

你对别人怎样，别人也会用怎样的态度来回应你。把真心帮助他人作为自己的人生信条，就有可能收获意外的惊喜。人们往往习惯于只对自己有用的人付出，而对另一些被视为无关紧要的人冷眼相待。殊不知，也许在你的冷漠中就错失了一次次收获惊喜的机会。

冷漠的心墙不除，人心会因为缺少氧气而枯萎，人会变得忧郁孤寂。爱是医治心灵创伤的良药，爱是心灵得以健康生长的沃土。

无爱的社会太冷漠，无爱的荒原太寂寞。爱能打破冷漠，让尘封已久的心重新温暖起来。

贪婪会腐蚀你的心灵

高官厚禄，花园豪宅、香车美人、锦衣玉食……很少有人觉得自己得到的已经足够多。无止境的欲望带来无形的压力，心情也会随之陷入恶性循环。

欲望越多，痛苦也越多。什么都想要，最后可能什么也得不到，反而一辈子将自身置于忙忙碌碌、钩心斗角之中。贪婪，只会腐蚀你的心灵。

有位穷理发师，专门负责给国王理发。他总是像神仙一样快乐，连国王有时都嫉妒他的快乐，总是问他："你快乐的秘密是什么？你为什么总是这么快乐呢？"穷理发师说："我从来不知道自己有什么快乐的秘密，我只是每天挣钱糊口，如此而已。"

国王听了之后很不解，就决定问问丞相，丞相是个学识非常渊博的人，国王问道："你肯定知道理发师快乐的秘密。"

丞相说："等我给您做一个实验，您很快就会明白了。"

晚上，丞相就把一个装有 99 块金币的袋子扔进理发师的家。第二天，理发师忧心忡忡地来了，如同掉进地狱里一样。事实上，他整个晚上都没有睡，而是一遍又一遍地数着袋子里的钱。他兴奋极了，因此翻来覆去一夜都没有睡着。他一再地起床，不是摸摸那些金币，就是再数一次……

他数来数去都是 99 块，他想，要是 100 块就好了，凑个整数。

但是 1 块金币对于一个穷理发师来说是很大的一笔数目，1 块金币也相当于他近一个月的收入，但他一天所挣的钱只够应付生活。去哪里再弄到 1 块金币呢？

他想了很多办法，都行不通，后来他终于决定，他要断食一天，然后吃一天。这样，渐渐地，他就可以攒够 1 块金币。然后有 100 块金币就好了……他不断地想着这个问题，想着把 99 块金币变成 100 块，简直都要走火入魔了。

他越来越忧郁，再也不像以前一样快乐了。国王终于明白理发师快乐的秘密了，同时也知道理发师不快乐的秘密了。

贪婪就像一副沉重的担子，这个担子里盛满了欲望的石头。面对内心的欲望，如果你不能抵制它，你就给了它可乘之机，这些欲望的石头很快就会夺走你的快乐。

老子说："祸莫大于不知足，咎莫大于欲得。"不知足是最大的祸患，贪得无厌是最大的罪过。欲望太大，就会被欲望所累，甚至为无穷的物欲劳累一生，我们应该秉持适可而止的原则。我们要感谢上苍已经赐予我们的财富，知足方能常乐！

有一家企业的老总，虽然只是高中毕业，但凭着自己的努力，辛辛苦苦打拼了十几年终于有了十分不错的成绩。他的事业如日中天，老婆贤惠，孩子聪明，应该说是个极为幸福的人。但他却整天忧心忡忡、眉头紧皱，原因就是他整天都在愁该如何扩大企业的规模。

现在他的企业正处于转型期，但自己只有高中文化程度，所以感到自己的能力已经跟不上企业的发展了，需要招聘高素质的人才。"招来的那些高学历人才会把我的企业弄成什么样子呢？""我会因此而丧失某些权力吗？""该如何提高生产效率呢？"一连串的问题搞得他无法安睡，精神不得一刻清闲，经常处于一种紧张状态。

忙碌的事业几乎成了他生活的全部，根本就没有上下班之分。妻子觉得他比两年前一下子老了许多，而且和家人待的时间越来越短，眼里似乎就只有钱。

纵有钱财万贯，不过一日三餐；纵有广厦万千，也只用七尺床儿容身。我们一心只希望拥有得越多越好，爬得越高越好，殊不知在无止境的追逐中，我们的心灵已经被腐蚀。贪婪是一种诱惑，让我们不知疲倦地爬向那无尽的深渊。

将无止境的物质作为人生的目标，只会让欲望这头野兽变得难以驾驭，最终它将会吞噬掉你原本平和的内心。人最大的敌人是自己，最难战胜的也是自己，控制自己的物质欲望有利于磨炼意志，也只有抛弃不必要的欲望我们的心灵才能更加轻松和快乐。

拒绝骄傲的内心

一个心性骄傲的人，从不会把别人放在眼里，他们都认为自己比别人强。但他们忘了，高傲的人只能让人厌烦，要知道人外有人，太过骄傲只能自取其辱。

生活中，我们也常常会遇到这样的情况，越是知识渊博的人越表现得谦逊无比，相反只有那些"一瓶不满半瓶晃荡"的人才喜欢张扬。所以，一个人要想圆通处世或者成就大事都必须要戒傲，做到有才学而不张扬，有情趣而不肤浅！

相传南宋时江西有一名士傲慢之极，一次他提出要与大诗人杨万里会一会。杨万里谦和地表示欢迎，并提出希望他带一点江西的名产配盐幽寂来。名士一听就傻了眼，他实在搞不懂杨万里要他带的是什么东西，只好说："请先生原谅，我读书人实在不知配盐幽寂是什么乡间之物，因此没有带来。"

杨万里则不慌不忙从书架上拿下一本《韵略》，翻开当中一页递给名士，只见书上写着："豉，配盐幽寂也。"原来杨万里让他带的就是家庭日常食用的豆豉啊！此时名士面红耳赤，方恨自己读书太少，始觉为人不该傲慢。

骄傲有很多的害处，但最危险的结果就是让人变得盲目，变得无知，变得更加虚荣。骄傲会培育并增长盲目，让我们看不到眼前一直向前延伸的道路，让我们觉得自己已经到达山峰的顶点，再也没有爬升的余地，而实际上我们可能正在山脚徘徊。所以说，骄傲是阻碍我们进步的大敌。

曾经有一个学者，学富五车，精通各种知识，所以自认为无人可以和自己相比，很是骄傲。他听说有个禅师才学渊博，非常厉害，很多人在他面前都称赞那个禅师，学者很不服气，打算找禅师一比高下。学者来到禅师所在的寺院，要求面见禅师，并对禅师说："我是来求教的。"

禅师打量了学者片刻，却只让学者坐下，不与学者说禅。这一坐就是好几个时辰。渐渐，学者脸上露出了不悦的神态。老禅师端起茶壶，往学者杯中加水，学者眼看着茶杯已经满了，但禅师还在不停地倒水，水漫出来，流得到处都是。"禅师，茶杯已经满了，你怎么还往里倒啊！"学者终于忍不住大声说道。

"是啊，是满了。"禅师放下茶壶说，"就是因为它满了，所以才什么都倒不进去。你进来时我就看出你一副高傲的神态，并没有怀着谦虚的心来向我求道。你的心已经被骄傲、自满占满了，你向我求教怎么能听得进去呢？"

学者恍然大悟，最终放下了骄傲。

骄傲是陷阱，只有克服和防止骄傲，才能在人生之路上不断前进。古人讲："君子宽而不慢。"综观古今中外成大事者，都是虚怀若谷、好学不倦、从不骄傲的人。

19世纪的法国名画家贝罗尼到瑞士去度假，但他并不是单纯地四处游玩，而是每天背着画架到瑞士各地去写生。

有一天，贝罗尼正在日内瓦湖边用心画画，来了三位英国女游客，站在他身边看他画画，还在一旁指手画脚地批评，一个说这儿不好，一个说那儿不对，贝罗尼没有反驳，都一一修改过来，末了还跟她们说了声"谢谢"。

第二天，贝罗尼有事到另一个地方去，在车站又遇到昨天那三位女游客，她们此时正交头接耳不知在讨论些什么。那三位英国女游客看到他，便朝他走过来，向他打听："先生，我们听说大画家贝罗尼正在这儿度假，所以特地来拜访他。请问你知不知道他现在在什么地方？"贝罗尼朝她们微微弯腰致意，回答说："不好意思，我就是贝罗尼。"三位英国女游客大吃一惊，又想起昨天不礼貌的行为，感到非常不好意思。

宋代文学家欧阳修，其晚年的文学造诣可说是达到了炉火纯青的地步，但他从不恃才自傲，仍一遍遍修改自己的文章。他的夫人怕他累坏了身体，劝他说："何必这样自讨苦吃？又不是学生，难道还怕先生生气吗？"欧阳修回答说："不是怕先生生气，而是怕后生笑话！"可见"虚心使人进步，骄傲使人落后"是永远颠扑不破的真理。而被奉为千古宗师的孔子也说"三人行必有我师焉"，何况我们这些凡人呢？

一定要克服你的自卑感

自卑就像我们心中的阴云，只有拨开它，我们才能享受到灿烂的阳光，拥有人生的快乐。战胜自卑最有效的方法就是相信自己，只有相信自己才能超越自己。

第二次世界大战后，日本经济受到严重影响，许多工厂都不景气，失业人数激增。一家食品公司也濒临破产，为了使公司能够渡过难关，管理层决定裁员。裁员对象有清洁工、司机，还有就是无任何技术的仓管人员。裁员名单上有30多人，经理找来他们，说明了公司这个不得已的决定。

对于这个决定，大家没有黯然接受，反而都认为自己起着至关重要的作用。清洁工说："我们很重要，如果没有我们打扫卫生，没有清洁优美、健康有序的工作环境，大家怎么能全身心投入工作？"司机说："我们很重要，要不这么多产品就无法迅速销往市场。"仓管人员说："我们很重要，战争刚刚过去，许多人都没有东西吃，少了我们，食品岂不要被流浪街头的乞丐偷光！"经理仔细一想，觉得他们说的话不无道理，于是又和管理层重新制定策略，决定不裁员。最后，一块写着"我很重要"的大匾挂在了工厂门口。

从此，每天当职工们来上班，第一眼看到的便是"我很重要"这四个字。不管一线职工还是普通工人，都认为领导很重视他们，因此越发积极地工作。终于，公司起死回生，几年后，公司迅速崛起，成为日本有名的公司之一。

有时候，自信不仅能挽救自己，还能挽救一个企业。任何时候都不要看轻了自己。在关键时刻，你敢说"我很重要"吗？试着说出来，你的人生也许会由此揭开新的一页。

一个人有了自卑心理后，往往变得怀疑自己的能力最终不能表现自己的能力，变得不善与人交往最终孤独地自我封闭。本来经过努力可以达到的目标，也会因认为"我不行"而放弃追求。自卑的人看不到人生的希望，领略不到生活的乐趣，也不敢去憧憬美好的明天。

所以，在我们遇到各种来自生活中的挫折的时候，我们要积极地调整自己的心态，不要老盯着自己的短处和弱点，多找自己的优点和长处，以增强自信心。

走出自卑首先要学会正确地评价自己，看到自己的长处，发现自身价值，坚信"天生我才必有用"。其次要学会自我激励，积极暗示自己"我能行"、"别人能干的事我也能干"、"坚持就是胜利"等，增加自己战胜困难与挫折的力量。总之，自信是消除自卑心理最根本的动力，自信可以把自卑心理转化为自强不息的动力，使自己在生活和事业上成为强者。

自怨自艾，只能加速自己出局

人生的道路一如世上的路，就算再平坦也会有崎岖的地方，即困境和挫折。我们常常为此而伤心气馁、自怨自艾，但懊恼和抱怨只会让情况变得更加糟糕，不去想办法解决，就永远无法摆脱困境。

张亮炒股已经有十几年的时间了，但现在他不敢再玩股票了。在这十几年间，他从大户室坐到中户室，由中户室坐到了散户大厅，到最后连散户大厅也不去了。

张亮为什么会落到"王小二过年，一年不如一年"的地步呢？原因就在于他从没有在自己的失败中学到什么东西。每次赔钱以后，他总是想着自己太倒霉了，没买到好的股票。事实上是他没有把握好买入和卖出的最好时机，才会造成一次又一次地赔钱。这样的事情如果只发生几次倒还说得过去，但张亮的悲剧就在于，他每次都会重蹈覆辙，从来不吸取教训。所以，他在股市上一败涂地，最后都不敢再玩股票了。

生活中，多数人最终没有成为成功者，就是因为他们在遇到失败之后，不是积极地从失败中总结经验、吸取教训，而是一蹶不振，始终生活在失败的阴影里。他们有时候也会"总结教训"，但他们的总结方式是这样的："我当初要是不那么做就好了"，"开始我要是那样做就不会失败了"……他们只是着眼于过去，让自己陷入自怨自艾、后悔不迭的情绪里，而成功者则与他们正好相反。

一位网友叙述了自己将 10 万元炒成 8000 元的经历。他在 2002 年 7 月买入一支在大跌中逆市上涨的股，先是试探性地买了 2 万元的，后来股票并没有像他预想的那样上涨，而是一路随着大盘下滑。这时候，他赚钱的信心已经没有了，一心想着反弹解套就出来，只要不亏损就出来。这时候，为降低成本，他进行补仓，花了 2 万元。可是，股票没有因为补仓而上涨，而是从 10 元跌到了 8 元，他一咬牙又补了 3 万元的仓。

谁知道噩梦才刚刚开始，随后股票竟然跌到了 6 元，跌破 6 元的时候，他"割肉"出来。他"割肉"后不久，这支股票居然又涨到 6 元之上，他忍不住又在 6.6 元时追进去。然后，这支股票却又头也不回地跌倒了 2 元。终于，有一天醒来的时候，这支股票被打上"ST"的标志。

真是欲哭无泪了，想着能跑就跑出来吧，管它还剩下多少，就算剩 100 元也要出来，还能请儿子吃一顿肯德基呢。终于，在 1.3 元的低价，他带着最后的 8000 元跑了出来。再后来，这支股票停牌，出重组利好的消息，换了名字，猛涨突破 18 元，最高达到了 23 元。如果自己当初没有逃走，自己的 10 万元早就翻倍了吧。但事实是，自己的 10 万元只剩下了 8000 元。

但是，这支股票的惨败没有将他击倒，他开始反省自己，开始变得理性，虽然还不够成熟，但是他已经总结出了自己的一套炒股经验，并开始能在动荡的股市中轻松地穿行了。

对于成功者而言，那种经常被我们叫做"失败"的东西，只不过是"暂时性的挫折"而已。如果把失败理解为一种"暂时性的挫折"，并引以为戒的话，它就不会成为一件让人感到恐怖的事情，而是一种恩赐，一只看不见的慈爱之手，引我们避开那条更为曲折和荆棘丛生的道路。

其实失败并没有什么大不了的，因为人人都可能失败。重要的是，要让失败变得有意义，要总结教训，从头再来，你总会有成功的那一天。如果你只是一味地自怨自艾，却不去找失败的原因，那么你失败再多次也成功不了，你只会永远困于枯井中。

一切都取决于我们自己，如果我们以肯定、沉着稳重的态度面对困境，往往就能在困境中找到出路。学习放下得失，勇气、信心、希望、毅力，这些都是帮助我们从生命中的枯井脱困并找到出路的工具。

不要让悲观的乌云遮住了阳光

悲观的心态会摧毁人们的信心，使希望泯灭；悲观的心态就像一剂慢性毒药，吃后会让人意志消沉，失去前进的动力。不要让内心悲观的情绪遮挡了双眼，否则，你永远看不到洒下来的阳光。

有个男人遇事总是很悲观，爱胡思乱想，给自己平添了许多烦恼。年终评选，觉得自己一定没有希望，不免唉声叹气；早上碰见某个同事没有向他打招呼，觉得说不定自己什么事得罪了对方……总之，他就是对所有事都抱有悲观情绪，精神一直处于不安当中。当他察觉到烦恼给自己带来高血压、心脏病时，才去咨询了心理医生。

医生建议他每天写 20 分钟日记，把悲观的情绪忠实地写在日记里。但在写出负面情绪的时候，也要写正面情绪。让自己把正面情绪留在心里，把负面情绪留在日记里。

　　男人按照医生说的做，坚持记日记，遇上自己爱猜忌的事，便在日记里说服自己。他曾在一篇日记里写道："今天我在楼梯上向一位同事打招呼，可他阴着脸，皱着眉头，理也没理我。我想他态度冷漠不是冲着我来的，八成是家里出了什么事，要不然就是挨了上级的批评。"

　　他还在另一篇日记里提醒自己："我翻阅上月的日记，发觉那些悲观情绪完全是庸人自扰，现在完全消失了，我以后应该用积极的心态去看待所有事情。"

　　他坚持写了五年日记，发觉自己的处世态度有了很大的转变，遇事尽量不去往坏的方向想，总是告诉自己，事情有哪些积极的因素。后经医生检查证明，他的血压正常了，心脏病也好了。看，这就是心态的作用。

　　当一个人怀着积极的心态，那他眼中的世界就会大不一样。就算自己每天吃泡面，就算自己怀才不遇，就算自己的人生不尽如人意，但他的世界还是会充满光明和希望，因为一个正确的心态能改变他对世界悲观的想法。

　　天底下没有绝对的好事，也没有绝对的坏事。事情的好坏是由你如何选择面对事情的态度来决定的。如果你一直让负面的心态占据你的心灵空间，那么就算让你中了500万的彩票，你也认为那是坏事一桩。因为你害怕中奖之后，会招来麻烦。但是如果你凡事皆抱着积极的心态来看待的话，你就会觉得，自己可以用中彩票的钱去帮助很多人，或是为自己心爱的人创造更好的生活环境。

　　有一个老太太，晴天也哭，雨天也忧。因为她有两个女儿，大

女儿卖雨具，二女儿卖冷饮。晴天老太太怕大女儿赚不到钱，雨天老太太怕二女儿生意不好。有位智者开导她说："老人家您大可不必天天忧心，晴天的时候您就为二女儿高兴，今天冷饮生意一定不错；雨天的时候您就为大女儿高兴，今天雨具一定好卖。这样一来，你就变天天忧伤为天天快乐了。"老太太如此一想，果真天天开心了。

　　世间许多事情本身并无所谓好坏，全在于你怎么看。很多时候我们之所以感到生活枯燥乏味，是因为我们的心态是枯燥乏味的。如果想使生活变得有滋有味，就要改变心态——变悲观心态为积极心态。只有这样，我们才能改变自己的生活。

　　有些人眼里永远是满天乌云，而有些人却能发现乌云的银边。能够从乌云中看到银边的人，总能够找出事情的解决方法，快乐地生活，而眼中永远是乌云的人，总是怨天尤人，把自己困在生气、埋怨和苦恼里。

第十章 ▷

**选择人生的正面，好心情
是自己给的**

人生有正面也有反面，我们无法避免，可我们却能自主自己的选择。反面时，当我们选择自暴自弃，我们就会痛苦，当我们选择微笑面对，那心境就会无比开阔。

不快乐是因为你活得不够简单

每个人都背着一个空行囊在人生的旅途上行走。一路上，他们会捡拾很多东西——地位、权利、财富、友谊、爱情、责任、事业……一路捡拾，行囊渐渐装满了，因为沉重，快乐也就渐渐消失了。

一个后生在去一座禅院的路上看到了一件有趣的事，他来到禅院，想以这件事考考老禅者。在他与老禅者一边品茗、一边闲谈之际，他冷不丁地问老禅者："什么是团团转？"

老禅者淡然地说："皆因绳未断。"

这位后生惊讶地问："老师父未曾看到事情的经过是何以知晓的？"后来他接着说："我在来的路上，看到一只被绳子穿了鼻子拴在树上的牛，它一直想离开这棵树到前面绿茵茵的草地上去吃草，但是它转过来转过去都脱不了身。心想回来问你，你必定不知道。"

老禅者微笑着说："你问事，我答理，你问的是牛被绳缚而不得解脱，我答的是心被俗务纠缠而不得解脱，一理通百事。"

很多时候，不快乐并不是因为不具备快乐的条件，而是因为活得不够简单。心被俗务纠缠而不得解脱，哪里会有快乐可言？

一只风筝因为被绳拴住，就飞不上万里高空；一匹烈马因为被绳拴住，就不能任意驰骋草原。因为一次失利，我们痛心疾首；因为一次失恋，我们愁肠百结。为了钱，团团转；为了权，团团转。我们的心灵永远充斥着疲惫与不满，被沉重的包袱压得喘不过气来，只会让前进的脚步越走越慢。

　　一个人如果背着一个很重的行囊爬山，累得气喘吁吁，汗流浃背，想必只顾擦汗，只盼休息，肯定不会有闲暇欣赏周围的怡人风景。同样，在人生的道路上，如果你背负太多的东西上路，也会没有时间和心情去享受美好的生活。

　　从前有一位年轻人立志要去寻找快乐，可是走了很久，仍然没有找到，为此他找到了一位大师请求给予指点，他说："大师，我寻找了那么久，我的鞋子破了，荆棘割破双脚；手也受伤了，流血不止；嗓子因为长久的呼喊而喑哑，我已经疲倦到了极点，为什么我还没有找到快乐？"

　　大师没有急于回答他的问题，而是指了指他背上的一个大包裹问："你的大包裹里装的什么？"

　　年轻人这才把包裹放下来，擦擦额头上的汗说："它对我可重要了，这里面装的是我每一次跌倒时的痛苦，每一次受伤后的哭泣，每一次孤寂时的烦恼……靠了它，我才能走到您这儿来。"

　　大师没有再说什么，而是带他来到一条河边，与他一起坐船到了河的对岸。下船后，大师说："你扛了船赶路吧！"

　　年轻人看看船，又看看大师，说："你让我扛船赶路？它那么沉，我扛得动吗？"

　　大师微微一笑，说："是的，你扛不动它。"大师顿了顿又接着说，"过河时，船是有用的。但过了河，我们就要放下船赶路，否则，它会变成我们的包袱。痛苦、孤独、寂寞、悲伤，这些对人生都是有用的，它能使生命得到升华，但须臾不忘，就成了包袱和负担，而生命不堪负重！"

年轻人恍然大悟，他放下包裹继续赶路，发觉自己轻松而愉悦，比以前走得快得多。原来，只要你学会放下，希望就在你身边。

生命如一叶扁舟，如果负载太多，注定无法远行，该放开的就要放开，只有这样才能收获更多希望。

为什么孩子总是很容易就感到快乐？因为他们思想单纯，生活简单。对于一个喜欢零食的孩子来说，一座金山不如一根棒棒糖能令他快乐；对于一个喜欢在户外玩的孩子来说，能在外面疯跑胜过被满屋子的高级玩具包围。像孩子一样，清理你的行囊，让它尽量的轻便简单，这样轻松快乐就不是什么难事了。

学会"制造"自己的好运气

也许你总是羡慕别人的运气好，可也许你并不知道别人的好运是怎么得来的。有时，我们可以为自己"制造"出好运气，甚至可以把坏运气变成好运气。

卢纶进高中的第二学年成绩下滑很快，数学甚至不及格。不过卢纶的爸爸没有着急，而是对卢纶说："别担心，如果你能把坏的经验变成好的经验，你下次就会超过那些通过了考试的同学。有时候失败会把一个人变得更差，但有时候失败会把一个人变得更棒。关键看你会不会把坏运气转换成好运气。"

卢纶还是有些沮丧："可是，我的成绩单上是 F 啊，而且这些分数还会带到大学里呢。"

爸爸笑道："是的，这些分数你是甩不掉的，但从中得到的教益却也会伴随你一辈子。如果能把坏事变成好事，那么你从人生中的这一课收获的东西可比分数重要得多。"

卢纶丧气透了，说自己对数学老师恨得咬牙切齿。爸爸笑嘻嘻地说："瞧，你的数学老师赢了，你输了，因为你完全是一副失败者的样子。"

"全校都知道我不及格，而这都是可恶的数学老师给的。我又能怎么办呢？"卢纶摇摇头。

"他有权力给你打不及格，"爸爸继续说道，"而你也有权力选择你要做的事——你可以继续抱怨，认为老师不好，认为自己很倒霉，甚至去做一些愚蠢的事，比如去扎他的车胎；或者，你也可以做一些好事，比如在学校里、球队里，或是冲浪队里表现优异，把你的怒气变成成就，那你就赢了。这样，坏运气就会不见，它们变成了好运，不是吗？"

犯错误、失败并不一定就是坏事，如果你把它当成学习和了解自己的机会，那么你的好运就跟着来了。

犯错误是一个信号，提示你应该学习一些新东西了。所以，每次当你犯错误后，不要说"我运气真差"，而是应该抓住这个机会学点新的东西。一旦你发现了它教给你的东西，你就会感谢这次错误。

运气还跟个人的努力、争取有关。好运和坏运，其实一直就在我们的手中掌握着。

李天是一位留学美国的中国学生。毕业后，李天想靠着自己的能力养活自己，于是为了解决生存问题，他什么苦活累活都干。在餐馆刷盘子，在路上发传单，帮别人打字，微薄的收入只够他勉强糊口。

一天，在唐人街一家餐馆打工的他，看见报纸上刊登了一则招聘启事，一个公司要招聘线路监控员。这份工作和李天的专业对口，薪资待遇也很吸引人，于是李天做足了准备去应聘。过五关斩六将，他进入了最后一轮面试。招聘主管出人意料地问他："你有车吗？你会开车吗？我们这份工作需要经常外出，因为公司的车辆有限，所以我们会优先考虑会开车的人。"

李天当场就蒙了，自己只是一个穷学生，怎么会有车呢？开车更是不会啊！但为了争取到这份工作，他不假思索地回答："有！会！""很好，那四天后你开车来上班。"主管说。

李天没有退路，要么他就放弃这个工作，要么就只能硬着头皮上阵。最终他豁出去了，在一个朋友那儿借了一些钱，买了一辆二手车，开始了自己紧迫的学车历程。第一天他跟朋友学简单的驾驶技术；第二天在朋友屋后的大草坪模拟练习；第三天歪歪斜斜地开着车上了公路；第四天他居然驾车去公司报到。

如果只知道抱怨"该死，我怎么就不会开车呢"，那也许工作机会就会和自己失之交臂了。那些运气好的人，总是能得到更多的机会，其实，这些机会都是他们自己争取来的。自己"制造"好运，需要靠坚持、争取，还有不抱怨、不言败的精神。

微笑，让你得到的不仅仅是好心情

微笑是世界上最美丽的表情，因为微笑总能给我们带来快乐和幸福，因为微笑在艰难困苦当中总能使我们看到希望。

一旦你学会了微笑，你就会发现，生活可以变得简简单单、轻轻松松，而人们也可以因你的一个微笑而看到阴雨天的阳光。

美国旅馆大王希尔顿大家都熟知，当他的资产增值到千万美元的时候，他欣喜而自豪地把这一成就告诉了母亲。谁知母亲的话出乎他的意料，母亲淡然地说："你和以前根本没有什么两样……事实上你更应该去想一种办法留住你的顾客，让他们住过了你的旅店还想再来住，而这个方法又不能投资太大，这样你的旅店才有前途。"

希尔顿经过了长时间摸索，终于找到了母亲所说的方法，那就是"微笑服务"。这一经营策略使希尔顿大获成功，即使在希尔顿旅馆最萧条的时候，他也会每天对服务员说："你对顾客微笑了没有？"后来他们不但度过了最艰难的经济萧条时期，还迎来了希尔顿旅店最辉煌的时代。

一个微笑可以融化坚冰，一个微笑可以让我们从容，可以说没有什么东西能比一个灿烂的微笑更能打动人的了。

你的笑容就是你人生最好的通行证，有了它你就可以走遍全球，面对人生一切的不幸。因为你的笑容有时能给你带来巨大的成功。外国有句谚语："微笑亲近财富，没有微笑，财富将远离你。"真诚的微笑往往能带来意想不到的结果。

科尼克亚购物中心的经理正为售货员没有合适的工作制服而苦恼，尽管那些备选的制服都设计得简洁、美观而富有特色，但他总觉得缺少了点什么，于是他向世界著名时装设计大师丹诺·布鲁尔征求意见。83 岁的布鲁尔对他说："其实员工穿什么衣服并不重要，重要的是他们要面带微笑。"

现在，科尼克亚已发展成为巴黎最大的购物中心之一，并以销售法国纯正葡萄酒而享誉全世界。它是巴黎少有的几家没有统一员工制服的购物中心，但是它的服务和微笑被公认是世界一流的。

懂得微笑的人必定是受欢迎的人，那些表情亲切温和的人，让人感觉如坐春风，自然人见人爱。即使是遇到陌生人，如果你冷落冰霜，别人定会拒你于千里之外；如果你对他微笑，他就像是你面前的一面镜子，也会向你微笑表示友好。

成功的人士总是脸上带着微笑，因为他们知道微笑的力量。一个表情不友好的人会让别人退避三舍，反之，一个脸上经常带着微笑的人，就会使人有一种亲切的感觉，忍不住想了解他，这样的人往往更容易俘获人心，自然也更容易成功。

卡耐基让学员们试着微笑一个星期，每天 24 小时对身边的人报以微笑，然后谈谈感想。一位学员这样写道：

"我已经结婚十年了，在这之前我每天都忙着工作，很少对我太太微笑。一天，我对她微笑着说'早安，亲爱的'，她惊讶不已。我笑着对她说，今后我会一直这样做。事实上我真的做到了，连续一个月来，我们家所得到的幸福比过去一年还多。

"在上班的途中，我会对地铁的售票员微笑，在进入公司大楼门口时，我以微笑同警卫打招呼，还会对电梯管理员微笑着说一声'早安'，进入办公室，我会同事微笑，对所有来公司办事的客户微笑。

"我得到的回报不只是他们的微笑，甚至连那些平日里满肚子牢骚的人也开始对我友善了。我自己也变成了一个快乐的人,有时一想到那些愉快的事情,我还会情不自禁地微笑起来。"

微笑让人变得快乐而富有,微笑让人拥有友谊和幸福。无论何时何地,也无论遇到什么事情,一个简单的微笑就可以给人以无穷的力量。微笑具有神奇的魔力,一个微笑可以让你和仇人冰释前嫌,一个微笑就可以让你建立一个美满的家庭,一个微笑就可以让你有勇气直面人生。

遇到挫折时,微笑是成功的起点;遇到烦恼时,微笑是勇于面对的表现。当见到久别的朋友,激动之情难于言表时,微笑便是表达感情的最好方式;当朋友陷于困境时,给他一个微笑,就是对他的最大鼓励;当相互之间产生误会时,给对方一个微笑,便是让误会烟消云散的最好方法。微笑带给你的,还有很多很多。

幽默的你,每天开心多一点

幽默具有神奇的力量,它让人放松,帮助我们缓解烦躁的情绪,如果你在生活中不时添加一些幽默,那你的心情也会变得很好。

幽默的人往往很乐观,即使面对困境,他们也能苦中作乐;幽默的人很坦然,即使自己的缺点暴露了,他们也能从容不迫地自我解嘲;幽默的人很宽容,即使别人怒发冲冠,指着自己的鼻尖,他们也能不紧不慢,一笑而过。真正懂得幽默的人总是会营造融洽的气氛,制造更多的笑声。

一次,威尼斯的某执政官举办宴会,诗人但丁也应邀出席。宴会上，侍者给意大利各城邦使节献上了一条条很大的煎鱼，而给但丁送上的却是几条小鱼。

但丁望着小鱼没有品尝，而是把它们逐条拿起靠近耳朵，然后又一一放回盘中。执政官见但丁做这种莫名其妙的动作，便询问他是何故。

但丁清了清嗓子，高声回答："我有一个不幸的朋友在几年前于海上遇难，自那以后，我始终不知道他的遗体是否安然葬入海底。所以，我就问问这些小鱼，也许它们会多多少少知道一些情况。"

执政官逗趣似的问道："那么，它们又对你说了些什么呢？"

"它们告诉我说，它们都很幼小，对过去的事情不太了解，不过，也许邻桌的大鱼们知道一些具体情况。它们建议我向大鱼们打听打听。"但丁一本正经地说道。

执政官听后不由得会心一笑，转身责备侍者怠慢了贵客，吩咐他们马上给但丁端上大煎鱼。

相信任何人看了但丁的表演，都会忍不住拍手为其叫好。对于在宴会中受到不公平的待遇，但丁没有愤怒离席，也没有拍案而起，而是将自己的不满婉转地表达出来。这些话，相信任何人听了都不可能无动于衷。这样，提意见的和被批评的不需要在言语上发生冲突，就其乐融融地达到了双赢的效果。

幽默的人遇事乐观，即使身陷尴尬的境地也会用幽默轻松化解。幽默能给人带来快乐，幽默还使人魅力倍增。幽默是生活的调味剂，它使我们的生活变得丰富多彩。

给心情放假，让心情更积极

曾有过这么一首歌：给心情放一次假，现在就出发。天地那么大，出去看看吧。适当的时候给自己放一次假，面具撕掉啦，现在就出发……请不要总是透支自己的身体，给心情放假，狠狠玩一把，要学着忙里偷闲给自己放假……拍拍肩、拍拍肩，烦恼放一边。去休闲、去休闲，给自己空间。赚不完、赚不完，Money 赚不完。甩甩发、甩甩发，给心情放假……

这段时间工作特别紧张，李娆丽已经连续好几天加班了。周末，她决定一个人逛街放松一下。

她走到一家小店铺，看到一条仿白金的项链，新式的链子，上面有一个绿色的椭圆形宝石做吊坠，旁边还有一对仿白金的小翅膀。店主说："这叫'天使翼'，适合皮肤白的女性戴，配你正好，简单又大方。"李娆丽想起这条项链秋天配自己那件紧身墨绿色毛衫正合适，于是就买了。这么便宜就淘到一件饰品，李娆丽笑着走出店铺。

来到美甲处，李娆丽想做指甲，平时总是担心浪费时间，今天没有任何任务，时间是自己的，于是安心坐了下来。"要做复杂的，还是简单的？"店主问。"复杂的吧。"于是店主在李娆丽的指甲上绘了白色的底，浅蓝色的花，玫瑰红的花蕊，又在外面涂了一层亮的保护层。做好后，李娆丽伸出手细细欣赏着，很精致，衬得手愈加白嫩。

来到广场，看到很多卖耳环的，红色的珠子，黄色的水晶，都很精美，店家说："拿下来你戴上看看，很漂亮。"李娆丽笑着说："我还没打耳洞呢。"不过那些耳环实在是太可爱了，李娆丽决定等过几天打个耳洞，再把头发扎起来，戴副合适漂亮的耳环，更有女人味。

李娆丽就这样一路漫无目的地随意溜达，最后走进超市，买了老公爱吃的花生、牛肉、大虾，高高兴兴地回家了。李娆丽想：原来一个人无所事事随意瞎逛，没有任何任务，心情真是特别放松。

很多人把生活塞得满满的，或许是工作上的需要，不得不这样，但是没有一点空隙的生活缺乏乐趣、令人窒息。

不知道有多少人陷于忙忙碌碌的工作和学习中，早就忘记去留意天空的明媚和蔚蓝了！在这现代的繁忙都市中，你是否已经远离了生活，远离了细腻，远离了最初的往事……其实，你可以留心观察发芽的小草，留心倾听花开的声音，留心风筝如何在空中飘摇，留心清风如何在夜里拂过树梢，笑逐颜开看着厅前的花开花落，醉眼蒙眬欣赏天上的云卷云舒。生命本身就是一种对心灵的涤荡的过程。

当你结束一天的繁忙工作之后，走出城市森林，在宽阔的道路上，抬头看看天吧，你会感到心情舒畅，一切烦恼都将被抛之脑后。我们要学会抬头看天，做一个深呼吸来调整自己的心态。这样即使是阴霾的日子，也会有阳光灿烂的心情；即使是风雨交加的夜晚，也会有平静的心情；即使是烈日当空的炎夏，也会有怡然的心情。

李莉正在读小学一年级，她最大的希望就是爸爸在下班后能像别的小朋友的家长那样领着自己去散步玩耍，周末的时候领自己去动物园，但是爸爸总是没时间。

她问妈妈："为什么爸爸每天晚上都带着装满文件的公文包回家？"妈妈解释说："因为爸爸有太多的事要做，他在办公室里做不完，必须带回家晚上再做。"李莉又说："爸爸每天都做，工作是不是永远也做不完？"妈妈一时不知道该怎么回答才好。

好不容易有一个周末，李莉一家人去郊外的公园游玩，但李莉发现爸爸仍然是一副繁忙的样子，连出来玩也随身带着笔记本电脑随时处理公务。

"爸爸，我们老师经常告诉我们说，学就专心地学，玩就痛快地玩，要是玩的时候想着作业还没做，学的时候想着出去玩，那哪样都干不好。"李莉装作一副小大人的样子"劝导"爸爸。爸爸听后，摸摸李莉的头，笑着说："行，听我女儿的。走，咱们一起玩去！"

工作是永远都做不完的，别把工作带进生活，那样既让你失去了享受生活的权利，也让你的工作看上去似乎总是那么多。于纷繁忙乱的工作中适当地为自己"留白"，是快乐生活的润滑剂。这样既可以缓解工作的压力，又可以享受生活。所以要学会给自己放个假，让自己拥有一个不再焦躁、烦闷的心情。

选择自己喜欢的生活方式

你想要什么样的生活呢？你目前所做的事情能让你感到开心吗？你所从事的职业是你喜欢的吗？100多平方米的房子让你有安全感吗？你给自己现在的生活打多少分？

当你对自己的生活方式感到不满意的时候，你想过改变吗？你有没有想过这是不是你想要的生活？你有权利选择自己喜欢的生活方式。

　　任娜毕业于北京一所名牌大学，学习国际贸易专业的她毕业几年后月薪就达到了 8000 元。可是有一天，她忽然辞去了这份高薪工作。朋友问她此去何以为生，她回的短信似玩笑：去立交桥下擦皮鞋。

　　当然，她没有真的去擦皮鞋，而是把自己买的两套多余的房子简单装修租了出去，她淡淡地说："应对日常生活，这点租金足够了。"她买蔬菜荤食不再去超市，改去菜市场；自己对镜剪发及学习漂染头发；看书去图书馆，看电影租 DVD。任娜甚至学会了自己晒干茉莉和药菊，自己买草药来配花草茶，自己做锦缎靠垫来装饰房间，自己做漂亮的饼干来招待朋友。高兴的时候，她会替别人做一点设计、摄影或撰稿。

　　任娜感叹说："从前我以为自己需要的是那么多，月薪 8000 元也感觉像穷人。现在发现自己需要的是那么少，所赚不多，也天天有唱歌的欲望。"

　　现在，她的时间和金钱主要用来旅游，她说："不是每个人都能健康地活到 60 岁，就算你 60 岁后还有余力走世界，你的心境，你看到的世态人情，也与二十几岁时不一样。"

　　朴素的生活也不错，只要你喜欢，但是有几个人有勇气去选择呢？

　　幸福其实是一种心境，它和你拥有多少金钱、住着什么样的房子、开着什么样的车是没有关系的。每个人都应该主动地去选择自己喜欢的方式生活。

爱琳·詹姆斯是美国倡导简单生活的专家。作为一个作家和一个地产投资顾问，在这个领域努力奋斗了十几年后，有一天，她坐在自己的写字桌旁，呆呆地望着写满密密麻麻事宜的日程安排表。突然，她认识到自己对这张令人发疯的日程表再也无法忍受下去了。自己的生活已经变得太复杂了，用这么多乱七八糟的东西来塞满自己清醒的每一分钟简直就是一种疯狂愚蠢的尝试。

就在这一刻，她作出了决定：要开始过简单的生活。她着手开始列出一个清单，把需要从她的生活中删除的事情都列出来。然后，她采取了一系列"大胆"的行动。首先，她取消了所有预约电话。其次，她停止了预定的杂志，并把堆积在桌子上的所有没有读过的杂志都清除掉。她注销了一些信用卡，以减少每个月收到的账单函件数量。最后，通过改变日常生活和工作习惯，使得她的房间和草坪变得更加整洁。

她的整个简化清单包括80多项内容，简化后的生活也给了她更多的惊喜。沉重压抑的心灵一下子轻松起来，她终于有闲暇时间去做自己喜欢做的事情了，心情逐渐变得明媚。在她的眼里，一切都变得美好起来。

不可否认，许多人都在逃避自己真正想要的，都在用金钱和地位来麻痹自己，将最初的梦想扼杀。我们并非都是诗人，但是没有梦却是可怕的，而有梦不去追寻则是懦弱的表现。

"超女"尚雯婕毕业于复旦大学法文系，刚刚毕业的她就获得了众多人羡慕的高薪职位。然而她一直都没有忘记心中那个狂热的梦想——音乐，她的生命里不能没有音乐。

当超级女声的选拔拉开帷幕，她毅然辞去高薪工作，全力以赴地投入到自己的追梦旅途中。超女比赛帮助她实现了长久以来的音乐梦想。虽然尚雯婕不漂亮，也没有显赫的家世，但音乐却让她活得比以前更加快乐和充实。

有时你内心蠢蠢欲动的就是被你所一直压抑的，为何不大胆将它释放？也许你会在心里安慰自己说：过段时间就不会有这种感觉了。可事实往往是，时间日复一日地逝去，你内心的渴望却越来越强烈。不要拖延了，拖延得越久你就越放不下现有的东西。

人生就是一个选择的过程，最舒心的生活方式就是能带给你纯粹快乐的那一种方式。

笑对人生的"木结"

人生有顺境也有逆境，我们虽然无法选择所面临的境遇，却可以选择面对时的心态。逆境时，当我们选择自暴自弃，我们就会痛苦，当我们选择微笑面对，那心境就会无比开阔。

他没有考上大学，于是高中毕业后就跟着父亲做起了木匠。他一直没有从失败的阴影中逃脱出来，情绪一度十分低落，觉得自己没有任何前途可言。

一天，父亲教他学刨木板，刨子在一个木结处被卡住，任他怎么使劲也刨不动它。"这木结怎么这么硬？"他不由自语道。

"因为它受过伤。"在一旁的父亲插了一句。

"受过伤？"他不明白父亲话里的意思。

父亲冲他点点头道:"这些木结都曾是树受过伤的部位,结疤之后,它们往往变得很硬。人也一样,只有受过伤后,笑一笑面对失败才会变得坚强起来。"

晚上睡觉的时候,父亲的话久久在他心中回响,"笑一笑面对失败才会变得坚强起来"。是啊,人生正是因为有了伤痛,才会在伤痛的刺激下变得清醒起来;人生正是因为有了苦难,才会在苦难的磨炼下变得坚强起来。应该笑对这些伤痛,笑对生活。

第二天,他告诉父亲,决定继续回到学校参加补习,去迎接人生的又一次挑战。

当你用微笑来面对不幸、用奋起来面对打击、用坚强来面对挫折时,一个好的心态就会让你充满希望、振作起来。因为心中有阳光,黑夜来临时我们就不会害怕,阳光会照亮我们前行的路;暴风雨侵袭时我们就不会躲避,阳光会为我们的理想撑起一方晴空;困难挫折降临时我们就不会沮丧,阳光会给我们一往无前的动力,推动我们去改变现状。

一位家庭主妇正忙着擦拭窗户上的雾气,由于冬天异常寒冷,所以无论她擦得多么快,雾气不一会儿又出来了。

她非常生气,踩着脚说:"这该死的玻璃,真让人头疼。"

一旁的丈夫听到了她的抱怨,于是就说:"你这样擦是永远擦不完的,只要你把火炉点起来,这些雾气就会自然而然消失。"

妻子听后觉得是这个道理,于是立刻照办,果然窗户上的雾气不一会儿就消失了。

　　雾气就好像生活中的困境一样，你不能避免它，生气也没有用，只有平心静气，想出解决之道，才能驱散它。

　　很多人在遇到挫折的时候，只会生气、抱怨，但一千句抱怨的话也抵不上一个努力改变现状的念头。人生就是一次未知的旅行，会遇到什么谁也无法左右。如果真的不幸被挫折"选中"，生气只是在浪费自己的时间，同时也毁灭了自己的希望，使成功变成泡影。生气解决不了问题，只有积极地行动起来，主动去寻找摆脱逆境的方法，才能改变不如意的现状。